# ロードバイクの素材と構造の進化

## 高根英幸

東京R＆DがイタリアBACCO社の依頼で解析、最適化
したカーボンフレーム。

グランプリ出版

# 1955年　フォードもフルモデルチェンジ／フォード・サンダーバード登場

フルモデルチェンジした1955年型フォード。フェアレーン・クラウンビクトリアには透明なプレキシグラスルーフが70ドルでオプション設定された。ラップアラウンドウインドシールドとテールフィンが採用されている。

1954年に発表されたコンセプトカー、フォード・ミスティア（Mystere）。バブルタイプキャノピーを持つリアエンジン車で、サイドモールディングの形状は1955年型フォードに採り入れられている。早くも4灯式ヘッドランプを装着していた。

1954年のデトロイト・オートショーで発表されたフォード・サンダーバード。スポーツカーのように見えるがフルサイズカーであった。1954年10月に発売、1955年型は1万6155台生産された。この年、コルベットは700台にとどまり、フォードの作戦勝ちであった。

1955年型デソート。大
胆なサイドモールディ
ングとコントラストの
強いツートンカラーが
採用されるようになっ
た。この年、スリート
ーンカラーも登場して
いる。

1955年型ダッジ・カス
タムロイヤルランサ
ー。控えめだがクロー
ムのテールフィンが付
けられている。

Stunning inside, too! Extra spacious Custom Royal Lancer interiors are accented
with special Jacquard fabrics in dark blue, dark green or black (shown), each
contrasted with Cordagrain bolsters in ivory for an ultra modern, two-tone style
touch. Backs of front seats pivot *far* forward for easy entrance to rear seat.

CUSTOM ROYAL LANCER V-8
(Model shown in Sapphire White over Royal Burgundy.)

## Taut, eager beauty marks the
## dashing Custom Royal Lancer

Every suave line and exciting feature of the gallant Custom Royal Lancer
V-8 whispers, *"Let's go in style!"* . . . (and especially when your Dodge Lancer
sports the gorgeous new *three-tone* exterior trim, the first on any car).

At the touch of a fingertip, the big, wide Custom Royal Lancer windows glide
smoothly, silently down, leaving a gloriously free expanse for in-the-open
riding. Yet, there's snug, closed-car comfort when you wish it, too. And there's
power aplenty in the surging response of its Super Red Ram V-8 engine that
delivers all the action you expect from those crisp, clean lines.

女性向け仕様の1955年型ダッジ・ラファム（La Femme）。内外装をパステルローズカラーで装い、レインコート、傘、
長靴、柔らかなローズレザーのショルダーバッグを備える。日本でも1961年に女性向け仕様のブルーバード・ファンシー
デラックスが発売された。

## 1955年 クライスラー系全車フルモデルチェンジ／インペリアルは独立ブランドとなる

1955年型クライスラー社の全車がヴァージル・エクスナーの主導でフルモデルチェンジされ、エクスナーによって「フォワードルック」と称された。左のクルマはインペリアルで、スプリットグリルと照準器型テールランプがリアフェンダー上部に取り付けられた。この年クライスラーから独立して、インペリアル事業部となった。

1955年型クライスラー・ニューヨーカー。リアフェンダー上部にはフィン状のテールランプハウジングが付き、控えめなラップアラウンドウインドシールドが採用された。

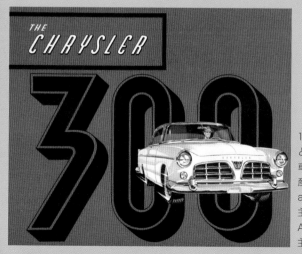

1960年代に続々と登場したマッスルカーの先駆けとも言える、1955年型クライスラー300。アメリカ車の歴史上初めて300馬力超のエンジンを積んだ量産車であった。この年、NASCAR（The National Association for Stock Car Auto Racing）主催のストックカーレースで40戦23勝し、他にAAA（American Automobile Association）主催レースで14勝している。

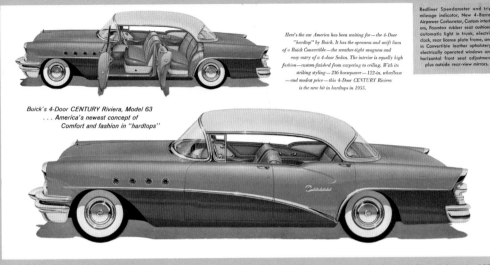

Here's the car America has been waiting for—the 4-Door "hardtop" by Buick. It has the openness and swift lines of a Buick Convertible—the weather-tight snugness and easy entry of a 4-door Sedan. The interior is equally high fashion—custom-finished from carpeting to ceiling. With its striking styling—236 horsepower—122-in. wheelbase —and modest price—this 4-Door CENTURY Riviera is the new hit in hardtops in 1955.

Redliner Speedometer and trip mileage indicator, New 4-Barrel Airpower Carburetor, Custom interiors, Foamtex rubber seat cushions, automatic light in trunk, electric clock, rear license plate frame, and in Convertible leather upholstery, electrically operated windows and horizontal front seat adjustment, plus outside rear-view mirrors.

Buick's 4-Door CENTURY Riviera, Model 63
... America's newest concept of
Comfort and fashion in "hardtops"

1955年型ビュイックに4ドアハードトップ登場。この後、アメリカ車で4ドアハードトップが大流行する。日本では、1972年にセドリック／グロリアが初めて採用した。

The spectacular Cadillac ELDORADO

A brilliant achievement in advanced design and engineering!

For 1955, Cadillac presents to the entire motoring world a completely new kind of American motor car—a car as unique in its sphere as the Cadillac Series 60 Special and the Cadillac Series 75.

It is the spectacular new Eldorado—a truly exciting adventure in contemporary styling, in spirited performance, in gracious luxury and in compound power.

Even its lines are dramatically different. Indeed, in the daring modelling of its sweeping rear fenders, it foretells the styling others must surely follow in the future. And its performance, too, is a

revelation of things to come. For to him, the most individually personal car in the world, Cadillac presents exclusively—and for the first time—an advanced, high-performance 270-h.p. engine.

There is no other car on the highways of the world today . . . none of distinction and satisfaction to those fortunate enough to own it. In the fresh flair of its styling, in the superb performance of its new power plant, and in its unusual interior beauty, the Eldorado is destined to be the most prized car of the decade . . . beautiful to see . . . thrilling to drive . . . and uniquely satisfying to own!

The selection of 1955 Eldorado all-leather interiors includes four combinations of black, blue, gray or red, trimmed with white, in a choice of solid black, blue, beige, gray or red leather.

1955年型キャデラック・エルドラド。他のキャデラックと
異なるリアデザインが採用された。

A TRIP TO THE
MOTORAMA...

1955年モトラマで配布されたカタログ。GM独自の展示会で1949年（この年の名称はTransportation Unlimited）から1961年まで開催された。ただし、1951、1952、1957、1958年は開催されなかった。1955年には1月から5月にかけてニューヨーク、マイアミ、ロサンゼルス、サンフランシスコ、ボストンの5都市で開催されている。

# 1954年　GM、フォードのコンセプトカー

1954年GMモトラマに登場したキャデラック・ラエスパーダ。存在感を増したテールフィンは1955年型キャデラック・エルドラドに採用された。

1954年GMモトラマに登場したビュイック・ワイルドキャットⅡ。ファイバーグラスボディーの2シータースポーツで、後部の造形は1954年型ビュイック・スカイラークに生かされた。

1954年に発表されたリンカーン・フューチュラ。ヘッドランプ周りとテールフィンのデザインは1957年型リンカーンに採用された。後にテレビドラマ「バットマン」で、初代「バットモービル」として活躍した。

1954年に発表されたフォード FX-アトモス。純粋に未来のクルマのスタイルを追求したもので、自走はできなかった。

# 1954年　ビュイック・スカイラークとキャデラック／GM XP-21 ファイアバード

1954年型ビュイック・スカイラーク。他のビュイックとは異なるボディーで、リアフェンダー上にフィン状のテールランプハウジングが付き、ホイールアーチは深く切り込まれている。

1954年型キャデラック62セダン。一目でキャデラックだと分かるテールフィンは一段と高くなり存在感を増している。この形は1956年型まで続く。

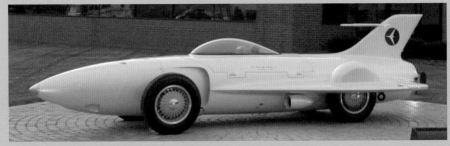

1954年に登場したアメリカ初のガスタービン実験車、GMのXP-21ファイアバード（ファイアバードⅠ）。ダグラスF4Dスカイレイ戦闘機にインスパイアされたと言われ、デルタ翼と垂直尾翼を持つ。

# 1953年　GM、フォードのコンセプトカー

1953年に登場したビュイック・ワイルドキャットⅠ。ファイバーグラスボディーの習作。冷却用ポートホールがフェンダー上部に付く。フロントの造形は1955年型に生かされている。

1953年に登場したファイバーグラスボディーのキャデラック・ルマン。フロントの造形は1954年型のモチーフになっている。

1953年秋も終わるころ英国とフランスで紹介され、1954年にアメリカで登場したフォードX-100。大胆なバンパーグリルとごく控えめなテールフィンが付く。

1953年にリンカーン・マーキュリー部門から発表されたXL-500。ファイバーグラスボディーにプレキシグラスルーフを採用。ウインドシールドの上部中央から前方に突き出しているのは自動車電話用アンテナで、電話使用時には自動的に立ち上がる。

# 1953年　ラップアラウンドウインドシールド登場／シボレー・コルベット登場

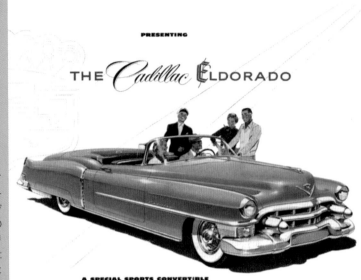

他のモデルに先駆けて、初めてラップアラウンドウインドシールドを採用した1953年型キャデラック・エルドラド。GMへのガラスサプライヤーであったリビー・オーエンス・フォード社（Libby-Owens-Ford Co.）との共同開発に4年かかったと言われる。1950年代に多くのアメリカ車が追従した。日本でも初代セドリックが採用していた。

キャデラックの他に1953年型オールズモビルがフィエスタの名前でラップアラウンドウインドシールドを採用した。

新デザインの1952年型オールズモビル98の運転席。当時はホーンリングが付くのは普通であった。

1953年に登場したシボレー・コルベット。グラスファイバーボディーをまとい、300台（実際には315台）が限定生産された。後方に突き出したテールランプに注目。

## LUXURY—— WITH A MODERN OUTLOOK

The Capri Special Custom Convertible

The Capri Special Custom Coupe

The Capri Special Custom Four-door Sedan

フルモデルチェンジした1952年型リンカーン。後方に伸びたリアフェンダーとテールランプに注目。フォードより1年遅れでハードトップが設定された。

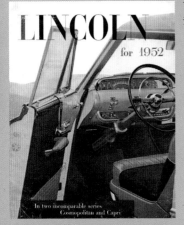

LINCOLN for 1952

In two incomparable series
Cosmopolitan and Capri

フルモデルチェンジした1952年型マーキュリー。リンカーンと同様にフォードより1年遅れでハードトップを設定。リンカーンと共にバンパーグリルを採用している。

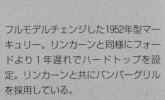

## As smart as they come...

The 1952 MERCURY
MONTEREY Special Custom Coupe

As smart as they come . . . as smooth as they go—that's the new Mercury Monterey Special Custom Coupe. There's exciting new smartness in every line of its new "forerunner" styling . . . delightful new smoothness, too, in its comfortable ride as you roll along the open road. The style pattern is set by its new "Jet-scoop" hood. And it's carried out in every detail—from the high, distinctive definition of its fenders to the graceful sweep of its superstructure. This trim new Monterey, which features colorful leather and vinyl upholsteries, makes all heads turn in admiration!

クライスラーに移籍した
ヴァージル・エクスナー
（Virgil M. Exner）最初
の作品であるクライスラ
ーK-310。1951年型クラ
イスラー・サラトガのシ
ャシーに、イタリアのカ
ロッツェリア・ギアがボ
ディー架装したもので、
GM、フォードのコンセ
プトカーが新技術と未来
志向のデザインを追求す
るのとは対称的に、純粋
にクルマの美しさを追求
したものであった。リア
フェンダーにちょこんと
乗ったテールランプはイ
ンペリアルに採用される。

CHRYSLER'S K-310
*Experimental* DREAM CAR

# 1952年 エアロウイリス新発売／ナッシュにピニンファリーナ監修のボディー採用

THE NEW
*Aero* WILLYS
*Aero-Wing*
*Aero-Ace*

SETTING A FRESH PATTERN FOR THE FUTURE

ジープを生産するウイリス・オーバーランド社から新
発売された1952年型エアロウイリス。キャデラックよ
り手前から立ち上がるテールフィンを持つ。

ピニンファリーナ監修のボディーをまとって登場したフルサイ
ズの1952年型ナッシュ・アンバサダー。ハードトップも加わり、
時流に乗ったリアデザインを採用している。

## How GM engineers explore new horizons

HERE you see the XP-300 and Le Sabre. The press likes to call them "cars of the future."

Thousands of people have flocked to see them, and the question most often asked is, "When will you build cars like these for the public?"

Well, the answer is—these aren't intended to show exactly what future cars will be like. They were built and rebuilt over a period of several years, to give our engineers and designers the chance to test out fresh and forward ideas, and get these ideas beyond the blueprint and laboratory stage.

You never know, till you get far-in-advance ideas

to the point where you can road-test them and let folks look at them, how practical they'll be—and how the public will take them.

We can promise you that, as time goes on, some of these features will begin to appear on cars in regular production.

We say that because it has happened before. Many of today's commonplace features on General Motors cars came right out of "tries" like these in early years.

So Le Sabre and XP-300 are the latest examples of how far we go to make the key to a GM car your key to greater value.

**The Top that's Worked by a Raindrop**—First drop of rain falling on a sensitized spot between Le Sabre seats starts mechanism which raises and locks top, rolls up side-windows. XP-300 has steering-post adjustable to driver's height—and seats which are adjustable up and down, forward and backward, and whose cushion backs can be moved forward at will low to ease back strain during long drives. Both have built-in jacks for easy tire-changing. Typical of the many GM engineering experiments in these cars—to advance even further passenger comfort and driving ease.

GM PROVING GROUND
**DURABILITY RUN**

LE SABRE

**335-Horsepower Performance from a 550-Pound Motor**—GM engineers solved the problem of putting a very high-powered engine in small space by developing an entirely new light alloy engine for both of these cars. The engine is a supercharged V-8 having 10 to 1 compression ratio and operating on pressure-grade fuel for all normal driving—premium fuel plus special fuel suitable for supercharged engines at higher speeds. Engines are supercharged by a blower GM engineers developed for Diesel engines.

Your Key to Better Engineering—the Key to a General Motors Car

From just such continuous GM engineering experiments as are now being tested in XP-300 and Le Sabre come the superior performance, handling ease and beauty of the 1952 Chevrolets, Pontiacs, Oldsmobiles, Buicks and Cadillacs. Further proof that a key to a GM car is your key to better engineering—and thus to greater value.

## GENERAL MOTORS

"Years and Better Things for More People"

CHEVROLET · PONTIAC
OLDSMOBILE · BUICK · CADILLAC
All with Body by Fisher

GMC TRUCK & COACH

Hear HENRY J. TAYLOR on the air every Monday evening over the ABC Network, coast to coast

1951年に登場したGMのコンセプトカー（当時はエクスペリメンタルカーと称した）ルセーバー（上図の左下）とXP-300（上図の右上）。この2台は1950年代のアメリカ車のデザインに最も影響を与えたモデルと言えよう。ルセーバーはスタイリング担当副社長のハーリー・アール（Harley J. Earl）が主導し、XP-300はビュイックのチーフエンジニアであった技術担当副社長のチャールズ・チャイン（Charles A. Chayne）が主導して開発された。当初、戦前のコンセプトカーY-Jobの後継として1台製作する予定であったが、企画段階で両者の意見が合わず、2台製作することになったと言われる。XP-300にはテールフィンは無いが、一番下の写真のようにまっすぐ伸びたリアフェンダーの後端上部にテールランプを付ける手法は、多くのアメリカ車が採用している。

# 1951年 カイザーのフルモデルチェンジ、フレーザーのマイナーチェンジ／
　　　　カイザー・フレーザー・ヘンリーJの登場

ハワード"ダッチ"ダーリンのデザインでフルモデルチェンジした1951年型カイザー。特徴的なウインドシールド、厚いパッドで覆われたインストゥルメントパネル、高い位置を保ったまままっすぐに伸びたリアフェンダーの後端最上部に取り付けられたテールランプ。明らかにキャデラックを意識したデザインと言える。

カイザーと双子車であったフレーザーの1951年型はビッグマイナーチェンジにとどまった。中央のグリーンのクルマ、フレーザー・バガボンドはセダンの形でワゴンのような仕掛けを備えたユニークなモデルであった。この年の販売台数は1万台に満たず、生産は中止された。リアフェンダーとテールランプの処理はキャデラックに近い。

1951年にカイザー・フレーザー社から発売されたコンパクトカー、ヘンリーJ。リアフェンダー後端が跳ね上がりフィン状になっている。1951年型ではテールランプはボディー本体の低い位置にあったが、1952年型からリアフェンダー後端の最上部に移された。1953年にウイリス・オーバーランド社と合併し、ヘンリーJの生産は中止された。ヘンリーJは当時、東日本重工業（三菱自動車工業の前身）でも500台ほどがノックダウン生産されている。

フルモデルチェンジに近いヘ
ビーフェイスリフトを受けた
1955年型パッカード。初めて
V8エンジンが搭載された。
技術志向のパッカードはモー
ター制御のトーションバーを
備えた「トーションレベル
(Torsion-Level)」サスペン
ションを開発した。

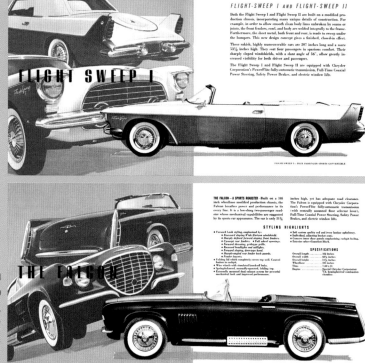

ヴァージル・エクスナー主導
でデザインされ、イタリアの
ギア社で架装されたクライス
ラーのコンセプトカー（クラ
イスラーではアイデアカーと
称していた）。上がフライト・
スイープⅠ、下がファルコン。

# 1956年　テールフィンを強調したクライスラー系のカタログ

1956年型クライスラー社のクルマはテールフィンを強調したデザインが採用された。これはインペリアル。

1956年型クライスラー。

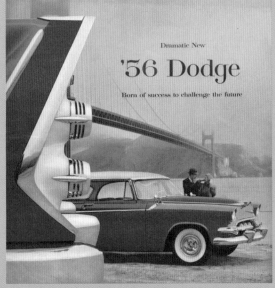

### Dramatic New
# '56 Dodge
Born of success to challenge the future

1956年型デソート。

1956年型ダッジ・コロネット／ロイヤル。

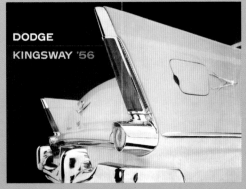

## DODGE
## KINGSWAY '56

### All-new Aerodynamic PLYMOUTH '56

1956年型ダッジ・キングスウェイ（右のプリムスと同じ基本ボディー採用）。

1956年型プリムス。

# 1956年　GM、ビュイック、マーキュリー、クライスラーのコンセプトカー

1956年GMモトラマで発表されたファイアバードⅡ。4人乗りファミリーカーで、ガスタービンエンジンを積み、ハイウェイでの自動運転も可能なハイテク車であった。

1956年GMモトラマで発表されたビュイック・センチュリオン。1986年にデザイン担当副社長になるチャック・ジョーダン（Charles M. "Chuck" Jordan）の主導でデザインされ、ウイングタイプのリアエンドを持つ。

1955年に発表されたマーキュリー・XM-ターンパイククルーザー。このデザインモチーフは1957年型マーキュリーに採用された。

1956年にギア社で架装しアメリカに運ぶ途中にイタリアの客船「アンドレアドリア」とともに大西洋に沈んでしまったクライスラー・ノースマン（Norseman）。ファーストバックでAピラー無しの、カンチレバールーフを持つユニークなデザインであった。

# 1957年 キャデラック、ポンティアック、シボレーのテールフィンさらに成長

The Spectacular Eldorado Biarritz

テールフィンの形状が大きく変わった1957年型キャデラック。下段はエルドラドで他のモデルとは異なるテールを持つ。

America's Number 1 Road Car...

1957年型ポンティアック・スター
チーフ。

CHEVROLET 1957

the BEL AIR NOMAD 2-door 6-passenger station wagon

明確なテールフィンを採り入れた1957年型シボレー。右はベルエア・ノマド。

テールフィンを強調した1957年型リンカーン。

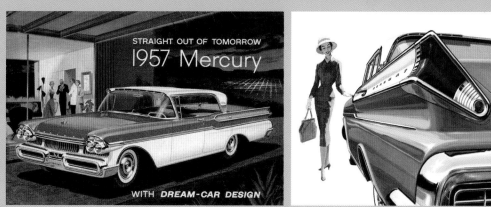

STRAIGHT OUT OF TOMORROW
1957 Mercury
WITH *DREAM-CAR DESIGN*

フルモデルチェンジした1957年型マーキュリー。コンセプトカー、XM-ターンパイククルーザーのリアデザインを採り入れている。セダンの全高は前年モデルより４インチほど低い。

*Color selections* TO PLEASE
THE MOST DISCRIMINATING

フルモデルチェンジした1957年型フォード。量産車ではアメリカ初のリトラクタブルハードトップを装備したフェアレーン500スカイライナーを発売した。

# 1957年　クライスラー系が大胆なテールフィンを展開／ハドソンの終焉

Announcing for 1957...the triumphant new **IMPERIAL**

Finest expression of The Forward Look. ➤

クライスラー社は1957年型で大胆なテールフィンを展開した。第2世代「フォワードルック」の登場である。この年のモデルチェンジには3億ドルの費用をかけたと言われる。これはインペリアル・クラウン2ドアサザンプトン。

The famous **CHRYSLER NEW YORKER**

RECOGNIZED LEADER IN THE FINE CAR FIELD

The Four-Door Hardtop

The Two-Door Hardtop

The Convertible Coupe

The Town & Country Wagon

The Four-Door Sedan

1957年型クライスラー・ニューヨーカー。州によってはまだ4灯式ヘッドランプが承認されていなかったため、2灯式が混在している。

*1957 De Soto*

FIRELITE · FIREDOME · FIRESWEEP

1957年型デソート。

## New '57 Dodge with Swept-Wing, In-Motion Design

1957年型ダッジ・カスタム
ロイヤル。

1957年に登場したクライスラーの
空力実験車ダート。見事なテール
フィンを持つ4人乗りリトラクタ
ブルハードトップ。

1957年型を最後に消滅したハドソン。
1955年型からナッシュのボディーを共用
しており、"取って付けた"ようなテール
フィンに注目。

1958年型キャデラック 62 セダン。テールフィンが一段と存在感を増した。

1956年に登場したコンチネンタル・マークⅡに対抗すべく、1957年に登場したキャデラック・エルドラドブローアム。これは1958年型。ルーフはステンレスで、シリーズ62のハードトップが4784ドル、75のリムジンでも8675ドルで買えたのに、これは1万3074ドルと高価であった。力道山が一時所有していたことでも知られる。

1958年型ビュイック・リミテッド 4ドア リビエラ。ハーリー・アールの指示により、"光物まみれ"の状態となり「Chromed elephants（クロームメッキの象）」なるニックネームを与えられてしまう。

1958年型オールズモビル・ダイナミック88。ビュイック同様 "光物過多" の状態となり、ビュイックと同じニックネームを頂戴している。

1958年型ポンティアック・ボンネビルスポーツクーペ。テールフィンは持たず、ボディーサイドにはロケットをイメージさせるデザインが施されている。

1958年10月、ニューヨークで開催された1959年GMモトラマで発表されたファイアバードⅢ。ガスタービンエンジンを積み、数年後には量産車に採用できる技術のテストベンチとして製作された。

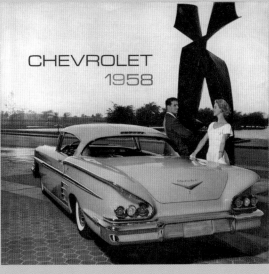

1958年型シボレーでは、独特なフィンを持つ1959年型が登場した際のショックを和らげるためか、控えめなウイング型フィンを付けて登場した。

# 1958年　エドセル登場／サンダーバードを2人乗りから4人乗りに変更／パッカードはスチュードベーカーのボディーをまとう

YOU CAN TELL A BLOCK AWAY THIS IS NO ORDINARY CAR

リンカーンとマーキュリーの隙間を埋めるべく、1955年に開発を始め、1957年に1958年型として発売されたエドセル。早くから「Eカー」の呼び名とともに噂され、期待されてきたが、予想に反して急進的ではなかったこと、中価格帯車のブームが去ったタイミングの悪さもあって販売は伸びず、1959年11月に生産を終えた。

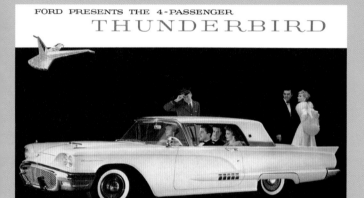

FORD PRESENTS THE 4-PASSENGER
THUNDERBIRD

AMERICA'S MOST INDIVIDUAL CAR

2人乗りから4人乗りに変更された1958年型サンダーバード。

The Packard Hardtop

Packard Hawk

1958年型パッカード。1957年型からスチュードベーカーのボディーを共用するようになったが、1958年途中で生産を終了した。これはパッカード最後のカタログとなった。

テールフィンを強調したカタログ表紙と、1959年型キャデラック60スペシャル。

イタリアのピニンファリーナ社でボディーを架装した1959年型キャデラック・エルドラドブローアム。ラップアラウンドウインドシールドをやめ、光物を排除し、テールフィンも控えめとなった。フィン形状は1960年型キャデラックに生かされる。価格は1万3075ドルで、生産台数わずか99台の希少車。

大胆なデルタウイングの傾斜したフィンを装着した1959年型ビュイック。吊り目フロントフェイスは、後部のフィンとバランスが取られたデザインになっている。光物が減っているが、1957年型クライスラー系の出現にショックを受けたウイリアム・ミッチェル、チャック・ジョーダン（Chuck Jordan）などが、ハーリー・アールの留守中にデザインしたと言われる。1958年12月にスタイリングのボスはハーリー・アールからウイリアム・ミッチェルにバトンタッチされた。

1959年型オールズモビル・ダイナミック88。

1959年型ポンティアック・ボンネビル。スプリットグリルとⅤ型のテールフィンを採用している。ワイドトラックと称してトレッドを５インチほど広げている。

大胆なバットウイング（Batwing：コウモリの羽）テールフィンを背負った1959年型シボレー。この年、GMの４ドアハードトップにはフラットルーフとラップアラウンドリアウインドーが採用された。

# 1959年 GMサイクロン、リンカーン、プリムスのテールフィン

1959年に登場したキャデラック・サイクロン（手前）と1959年型キャデラック。ノーズコーンの中にはレーダーを装着し、自動ブレーキシステムと、ガイドワイヤーが設置された道路での自動運転も可能なオートパイロットシステムも装備していた。

キャデラック・サイクロンの巨大なテールフィンは、後にごく控えめなものに変更されていた。

1959年型リンカーン・プレミアセダン。

シボレー・インパラに対抗すべくラインアップされた1959年型プリムス・スポーツフューリー。巨大なテールフィンと高級車インペリアル風のスペアタイヤを背負ったようなトランクリッドで高級感を演出している。

# 1960年　テールフィンに変化の兆しが見え始める

1960年型キャデラック。テールフィンは1959年型のピニンファリーナ製ブローアムに近い控えめなものとなった。

フルモデルチェンジした1960年型フォード・ギャラクシー。テールフィンは横に寝かせた形となった。

1960年型エドセル。ボディーのベースはフォードと共用し、"馬づら"と呼ばれたグリルも廃止したが、わずか2846台生産して幕を閉じてしまった。

1960年型クライスラー（左）とインペリアル。

THE Sixty-Two Coupe

1961年型キャデラック62クーペ。テールフィンはますます控えめになり、フェンダー下部にファイアバードⅢやサイクロンで提案されたフィンが追加されている。

1961年型シボレー・ベルエア（左）とインパラ。もはやテールフィンはなくなり、ラップアラウンドウインドシールドも終わりを告げているのがわかる。

CLEAN NEW STYLE

WITH A CHOICE OF 3 NEW ROOF LINES

美しい姿に変身して登場した1961年型リンカーン・コンチネンタル。生産台数は前年モデルのほぼ2倍の約2.5万台となった。

1961年型デソート。最後のデソートで3100台生産したところで幕を閉じた。

# 1962年　テールフィンの終焉

1962年型ポンティアック・スターファイア。

1962年型フォード。もはやラップアラウンドウインドシールドもテールフィンも影を潜めた。

テールフィンを取り去って登場した1962年型クライスラー。左からニューポート2ドアハードトップ、クライスラー300コンバーチブルクーペ、ニューヨーカー4ドアセダン。

1962年型プリムス。ラップアラウンドウインドシールドやテールフィンの時代が終わったことを告げるイラスト。この4モデルは、左からフューリー・コンバーチブルクーペ、ベルベデア2ドアハードトップ、ベルベデア4ドアセダン、サボイ2ドアセダン。

# 目　次

# 1.豊かさの象徴としてのアメリカ車

1955年型シボレーの広告。クルマのある生活が当たり前であったが、逆にクルマがなくては生活ができない地域があった。当時のカタログや広告はイラストで描かれていた。この絵ではハードトップとステーションワゴン、コンバーチブルと、レジャーの様子が描かれている。

◇アメリカでは自動車は生活するのに不可欠のもの

　自動車、特に乗用車はそれぞれの国情を反映して生産されるものとして、アメリカ車といえば、いまでも大きなサイズでゆったり走るというイメージがある。

　しかし、国際的な競争が激しくなり、グローバル化することが優先されている現在では、乗用車はワールドカーという性格を持つものとなり、ちょっと見にはどこの国のクルマかわからないものが多くなってきている。

　近年では、ドイツとアメリカのメーカーが合併したり、日本のメーカーがアメリカやヨーロッパのメーカーの傘下に入ったりして、その意向にあわせた開発が行われるようになっている。世界中のメーカーがお互いに影響しあい、個性的なものが

HIGHLIGHTS OF THE GOLDEN ANNIVERSARY ADVANCEMENTS

YOUR CADILLAC DEALER

1952年型キャデラックの広告。このクルマには選ばれた人だけが乗ることができるというメッセージを伝えている。

失われてきている。合理的にできているかどうか、バランスがとれているかという基準で計られ、国籍不明であることは問題にされない時代になっている。競争力があれば、必ずしも個性的でなくてもよいし、世界中で使われることを前提にしているから、それぞれの国情にあったクルマである必要はなくなる傾向になってきている。クルマの進化は世界標準をつくる方向に収斂していく歴史であるといえるようだ。

しかし、アメリカに限って見れば、東部やカリフォルニアなどの都市部の変わり方に比較すれば、中西部や南部では依然として大型車が主流であり、スポーツユーティリティ・ビークル（SUV）にしても、日本のRVよりひとまわり大きいものが普通である。その点でみれば、一方ではそう大きく変わっていない側面もある。

それにしても、半世紀ほど前は、アメリカ車とヨーロッパ車との違いは歴然であった。ヨーロッパではエンジン排気量も小さく、主流となるクルマのサイズも小振りだった。

これに対し、アメリカ車の最大の特徴は、なんといってもそのサイズの大きさと、それに見合うエンジン性能の余裕（大排

40

1959年型シボレーインパラ・4ドアセダン。バックにあるロケットは、シボレーのテールフィンのイメージに合わせている。下のテールフィンは1958年型ビュイック・リミテッドのもの。

気量）である。狭い道路が当たり前の日本でサイズの大きいアメリカ車を見ると、果たしてこんな大きなクルマが本当に必要なのだろうかと疑問に感じざるを得なかった。いくら豊かであろうと、こんなビッグサイズのクルマでは扱いづらいだろうし、これほどの贅沢が許されるのだろうかと思ったものだった。

ところが、実際にアメリカに行って5車線もある広々としたハイウェイを走ってみると、あの大きいアメリカ車が道路にぴったりと似合っていた。道路が広いだけでなく、視界をじゃまするものが少ない広々とした空間がどこまでも続く環境に身を置くと、なるほどと納得して、クルマのサイズが大きくなっていった必然性があることを理解したように感じた。

アメリカでは、空気や水と同じように、生きていくのにクルマが必要となってい

41

左は1957年型ポンティアック・ボンネビルの広告。右はテールフィンを際立たせた1959年型クライスラーの広告。

た。1920年代には公共交通機関が発達した都市に住んでいたのは限られた人たちであり、郊外の広大な土地で生活するのにクルマ以外に移動の手段はないところが多かった。クルマが生活に溶け込んだのではなく、クルマで移動したり買い物に行ったりすることを前提に住宅がつくられた。つまり、クルマがなくては日常生活に支障をきたすことになる地域が多くなり、一家に一台以上クルマがあるのは当たり前になっていたのだ。

### ◇余裕が求められたアメリカ車の背景

人口密度の多くない中西部や南部では、えんえんと続く道路でクルマはまばらにしか走っておらず、いったんガソリンスタンドで給油すると、次のスタンドまでは50マイル（80km）以上は何もないというのは稀ではなかった。その間給油だけでなく、飲み物も食事もとることができない。クルマのトラブルでストップしようものなら、何時間も、あるいは何日もそこにとどまっていなくてはならない恐れ

1958年型プリムスの広告であるが、クルマにふさわしい住まいをバックにした写真で、クルマのある幸せな家族を表現している。

42

があった。

　長距離を時速100km以上で巡航するには、余裕と信頼性のあるエンジンが必要だった。エンジン回転を上げるとオーバーヒートする恐れのあるような排気量の小さいクルマでは、長距離ドライブは不安だった。

　1950年代に増えてきた価格の安いヨーロッパの小型車、たとえばフォルクスワーゲン・ビートルが時速90kmくらいで走り続けているとすれば、その脇を110km/hくらいのスピードでシボレーが追い抜いていき、さらにキャデラックになると150km/hで走り続けても不安がなかった。車両価格の違いがそのままスピードの違いであり、サイズや装備の違いであり、それが社会的な階層を形成している感じがあった。

　大きい車体にすれば、車両が重くなり、それを走らせるために、より大きなエンジンが必要になり、ガソリンの消費量も多くなる。それでも、戦後のアメリカ車は、全体的にサイズもエンジン排気量も大きくなっていった。その理由は、アメリカの豊かさが持続し、将来に対する不安などあまり考えられない時代だったからである。

### ◇明るい未来を単純に信じた（？）時代

　さすがに1960年代に入ると、アメリカのメーカーもコンパクトカーをつくるようになるが、その後、大問題になる排気による公害とその規制、さらにオイルショックによる燃料消費の抑制圧力の強まりがあり、"脳天気"ともいえる拡大路線は修正

1958年型フォード・マーキュリーのリアスタイル。リアのオーバーハングが大きいのがこの時代のアメリカ車の特徴。

を迫られるようになる。

　テールフィンを付けた、ファッション性を優先した豪華で贅沢なアメリカ車の時代も1960年代に入ってからは、方向転換を図らざるを得なくなった。右肩上がりの豊かさを謳歌する時代が終了すると同時に、技術的・科学的な進歩に負の部分がつきまとうことに目を向けず、単純に、生活はより快適・便利になり続けるものであるという、楽観的な未来予想の上にあぐらをかいた生活が許されなくなった。

　工業の発展に伴う大量生産・大量消費の比例的拡大に対する識者からの警告は、1950年代にも指摘されていたものの、その声は小さくしか取り上げられず、豊かさを求める大衆の欲望にかき消されがちだった。

　この時代に予測した21世紀のクルマ、あるいはそれに代わる交通機関は、空飛ぶ自動車といったようなもので、クルマは超高速で走り、ヒコーキがクルマと同じようなパーソナルな乗りものとして描かれている。しかし、21世紀に入った現在、クル

44

1959年型インペリアルのカ
タログにある写真。正装した紳
士と淑女が乗るのにふさわし
いクルマであることをアピー
ルしている。

マの巡航スピードはそれほど上がってはおらず、航空機はパー
ソナルな交通機関にはなり得ていない。そうならなかった最大
の原因は、エネルギー消費を幾何級数的に拡大することが許さ
れなかったこと、依然として石油に代わる効率のよいエネル
ギーの実用化を達成していないことが挙げられる。

　1950年代のアメリカ車は、単純に未来に不安を持たないで豊
かさを謳歌し、エネルギー消費の拡大に疑問を抱かないで済ん

いずれも1950年代前半の
クライスラー（左）とフォー
ドで描いた21世紀初頭の
交通状況のイラスト。

だ時代の産物である。昨日より今日、今日より明日はより豊かになり、快適になることが何の疑問もなく信じられたという点で、1950年代のアメリカは希有の繁栄を謳歌することに酔いしれた、ある意味ではきわめて幸福な時代だった。

1952年型シボレー。まだ旧型のイメージから脱却したスタイルになっていない。

　それは、人々が競って豊かさを追い求めた時代で、自動車はそれをシンボリックにした商品として脚光を浴び、時代の要請に応えるように豪華に大きくなり、アメリカ車としての特徴を強めていった。

　アメリカンドリームという言葉を体現した成金があちこちで誕生し、快適で広いスペースの家を持つことが夢ではなくなった。広い庭とプールと、燦々と輝く太陽を室内に取り入れたサ

1955年から1959年までのシボレーのスタイルの変遷。上が1955年型で下が1956年型ハードトップ。基本ボディは同じでデザインでの違いである。

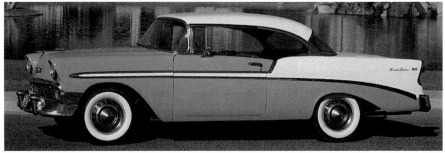

46

ンルーム、大きな電気冷蔵庫とテレビのある生活は、平均的な
アメリカ人が享受できるものだった。

　1950年代のアメリカ車は、新しいモデルが出るたびに前後に
長く、幅が広く、背が低くなっていった。

　フロントグリルは装飾デザインできらびやかになり、ボディ
サイドはクロームメッキで飾られ、リアにはテールフィンが付
けられるようになった。いずれもクルマとしての機能とは無縁
で、そのデザインやスタイルの新しさを追求したものだった。
キャビンを広くすることはなおざりにされ、デザインのための
デザイン、旧モデルを古めかしく感じさせるスタイルのクルマ
が次々に登場した。

　大きなモデルチェンジは3年か4年ごとであったが、フェイ
スリフトは毎年行われた。新しいモデルが登場したとたんに、
前年モデルは陳腐化した印象を与えることが、購買意欲をそそ
るという考えで、スタイルの変化が強調された。各モデルは

こちらもシボレー・ハード
トップで上が1957年型、
下が1959年型。グリルや
テールフィン、クローム
メッキなどのデザインで違
いを際立たせている。

上から1950年代のフォードのスタイルの変遷を示している。左上が1953年型フォードで、次が1955年型。その下が1957年型、最下段が1959年型。テールフィンが次第に目立つようになっているのがわかる。

年々きらびやかになった印象があるが、実は基本ボディは同じで、デザインによる変化でクルマそのものが新しくなった錯覚を与えていた。

同じクラスの他車との違い、上級車との違いなど、インパクトのある差別化のためのデザインだった。したがって、印象ほどには生産コストはかからなかったのである。意地の悪い見方をすれば、つくられた欲望に消費者が踊らされた時代が続いたといえる。

生産コストを抑えながらサイズを大きくするには、リアのオーバーハングを大きくすることが最も手っ取り早い方法だった。キャビンが小さく見えるようにし、フロントオーバーハングは小さく、リアのオーバーハングが大きくなった。

そのために、いったんテールフィンが付けられ始めると、それが次第に目立つものとなり、この時代のアメリカ車のスタイルの大きな特徴となった。

デザインを際立たせるためにリアオーバーハングを大きくするのはそれほどコストがかかることではなく、装飾的効果を上げるには都合がよかった。生産コストをあまりかけずにデザインによって大きく変化したと想わせる手法である。こうして、テールフィンがスタイルの決め手となる時代が、1950年代後半

**アメリカの自動車生産台数の推移**

| 年 | 乗用車 | トラック・バス | 総 計 |
|---|---|---|---|
| 1900 | 4,192 | — | 4,192 |
| 1905 | 24,250 | 750 | 25,000 |
| 1910 | 181,000 | 6,000 | 187,000 |
| 1915 | 895,930 | 74,000 | 969,930 |
| 1920 | 1,905,560 | 321,789 | 2,227,349 |
| 1925 | 3,735,171 | 530,659 | 4,265,830 |
| 1930 | 2,787,456 | 575,364 | 3,362,820 |
| 1935 | 3,273,874 | 697,367 | 3,971,241 |
| 1940 | 3,717,385 | 754,901 | 4,472,286 |
| 1945 | 69,532 | 655,683 | 725,215 |
| 1950 | 6,665,863 | 1,337,193 | 8,003,056 |
| 1955 | 7,920,186 | 1,249,106 | 9,169,292 |
| 1960 | 6,674,796 | 1,194,475 | 7,869,271 |

に訪れたのである。

## ◇ダントツの豊かさの中の自動車業界

　こうした、メーカーの意図した攻勢が続けられたのも、1950
年代のアメリカが空前の好景気であったからだった。

　太平洋戦争が終結して5年後の1950年には、アメリカの自動
車生産は800万台を超え、そのうち乗用車の比率は75パーセン
トに達している。日本の自動車生産が1980年代になってから年
間1000万台を超えたことがあるので、この数字に驚くことはな
いのかも知れないが、その30年以上前の1950年の全世界の自
動車生産は1000万台をわずかに超えた程度で、アメリカ車は
80パーセントを占めていた。しかも、この時代のアメリカ車の
輸出は微々たるもので、そのほとんどがアメリカ国内で使用さ
れていたのだ。ちなみに2位のイギリスの自動車生産はこの年
は78万台強で、そのシェアは7.4パーセントである。日本に至っ
ては3.24万台とアメリカの30分の1で、その大半はトラックで
あった。

　乗用車の保有台数でみても、この当時のアメリカは世界の75
パーセントになり、アメリカ人は3人に1人の割合でクルマを
持っていることになる。この時点ではイギリスは27人に1人、
日本は比較するも愚かなことであった。1950年代の日本では、
乗用車のほとんどはハイヤーやタクシーとして使用され、個人
で所有する率はきわめて低かった。

　世界恐慌を乗り越えたアメリカは、1930年代の後半から著し
い経済成長を遂げ、戦後になると一人勝ちとも見られるような
経済発展をとげた。国民総生産では先進諸国の
中でも圧倒的な差をつけ、これに対抗できる国
はなかった。戦場となったヨーロッパの国々
は、戦勝国であってもその痛手から立ち直るに
は時間が必要であった。

　こうした中で、アメリカはソ連を盟主とする
社会主義体制に対立する資本主義体制のリー
ダーとしての地位を確かなものとし、その豊か

1952年型オールズモビル
のカタログの表紙。強力な
V8エンジンを搭載している
ことをアピールして、ロケッ
トとイメージを重ねている。

50

同じくオールズモビルのリアシート。広くゆったりしている様子を訴求している。

な国力を背景にして自由主義体制を守るための経済援助を世界各国にするだけの余裕があった。

　工業生産力が増して、国民所得が増えることにより大量消費が可能となり、新型車を購入する層が増大し、自動車メーカーの増産傾向をさらに促すことになった。好循環が繰り返されることにより、豊かさがより確かなものになり、自動車業界も空前の好況にわいたのである。もちろん、その中で熾烈な競争にさらされて、勝ち抜くメーカーと脱落していくメーカーとがあり、ビッグスリーとそのほかのメーカーとの差は、次第に大きくなっていった。

　GMがさらにシェアを延ばし、業界のリーダーとなっただけでなく、アメリカを代表する企業として世界に君臨する印象だった。

　戦後では、アイゼンハワー大統領時代に国防長官として指名されたのが、GM社長のチャールズ・ウィルソンだった。就任資格を審査する上院の委員会でのウィルソンの発言は有名になり、後々まで語り継がれるものだった。彼は「国家のためによいことはGMにとってもよいことであり、GMにとってよいこ

51

とは国家にとってもよいことである」と述べたのである。このときのGMは市場占拠率では50パーセントに迫る勢いであり、アメリカの豊かさを体現している企業だった。

この時代のGMは他のメーカーがまねできない規模の設備投資をして強力な量産体制を敷くことによって、クルマ一台あたりのコストを削減することに成功し、製造コストに一定の利益を上乗せした価格を設定し、増収増益をくり返すことが当然のように思われていた。

### ◇豊かさゆえに国内販売が中心となる

戦後になると、アメリカのメーカーがそれほど熱心に海外進出を図らなくなったのは、アメリカ国内だけの需要で利益が確保されたからである。国内での販売競争に勝つことが、あるいは脱落しないことが、それぞれのメーカーにとって最も重要なことだった。

それというのも、戦後の傷跡からの回復を図ろうとしているアメリカ以外の先進国では、節約しながら経済回復を目指すのがやっとで、豊かさのレベルが全く違っていた。もしアメリカが世界を相手にクルマを売ろうとしたら、サイズの小さい、経

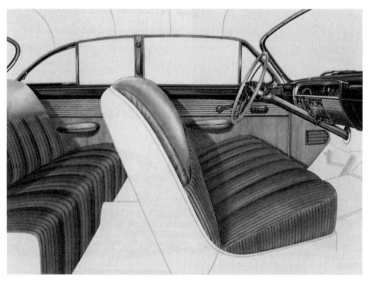

フォードの最高級車の1951年型リンカーンの室内。6人乗りなのでフロントもベンチシート。もちろん、変速機はオートマティックである。

1959年型シボレーベル
エアのテールフィンは上の
写真のように、鳥の翼を想
わせる大胆な形状となった
が、高速走行時のコーナー
では横風があると不安定に
なるほどだったという。そ
のためか、1961年型にな
るとシボレーは下の写真の
ように、張り出しの小さい
デザインになっている。デ
ザインの転機が訪れたこと
がわかる。

済的なクルマにする必要があったが、そんな利益幅の小さいも
のを開発して生産することなどアメリカのメーカーには考慮の
外のことだった。

　豊かなアメリカは、自由主義世界の盟主として共産主義勢力
の拡大を防ぐために世界に大きく目を開いていたが、こと自動
車産業に限っていえば、閉ざされたアメリカ国内だけの競争が
中心だった。

　戦後の好況に支えられて消費は活発であり、人々が求める豊
かな生活を具体化するために、アメリカだけに適合する特殊な
進化をとげたのである。1950年代に入っても、アメリカ車の輸
出は5パーセント以下だった。その輸出にしても、海外に住む
アメリカ人やその関係者の分も含まれていたから、アメリカの

フォードの1958年型モデル。上からリンカーンコンチネンタル4ドアランドー、マーキュリーコンバーチブル、フォード2ドアセダンとなっている。フロントグリルの違いなどでイメージも大いに異なっている。リンカーンとマーキュリーはドアは共通であったが、デザインでそれを感じさせなくしていた。

メーカーは、アメリカ人ユーザー以外のことはほとんど考慮しないクルマの開発を続けた。アメリカのメーカーは、国内だけを相手にしていることが、最も利益を上げる方法でもあった。

　時代が進むにつれて、ポピュラーなクラスの乗用車のバリエーションが増え、ユーザーの選択の幅も広がったが、一部の富裕な人たちを満足させるクルマが少量生産されていた。

　ビッグスリーの最高級車は、キャデラックやリンカーン、インペリアルである。

　日本でいえば、カローラやシビックに当たる大衆ファミリー

1956年型クライスラー車。上からインペリアル・リムジン、デソートハードトップ、ダッジハードトップ。このころからクライスラーのデザインに変化が見られるようになった。

カークラスのクルマにあたるのは、GMではシボレー、フォードではフォード、クライスラーではプリムスなどのクルマだった。それにしても、全長は5メートルを超え、エンジンは3リッターや4リッターという大きさで、日本車とは比較にならないサイズだったが、アメリカではこれらのクルマがスモールカーといわれた。

これらの大衆ファミリーカーと最高級車の間に、GMでは、ポンティアック、ビュイック、オールズモビルがあり、フォードではマーキュリーや一時的ではあったがエドセルがあり、クライスラーではダッジやデソート、クライスラーがあった。

日本でも、1960年代の後半にカローラやサニーが登場して、クラウンやセドリック、コロナやブルーバード、カローラやサニーといった乗用車の階層別のラインアップの完成を見たが、アメリカのビッグスリーの間では、すでに1930年代にはそのようなヒエラルキーができあがっていた。

トップメーカーのGMは、中間的なクラスに属する三つの車種が、それぞれにデザインや装備などで特徴を鮮明にすることによって、各系列のディーラー間の競争を激しいものにしたが、それによって全体の売り上げの向上が見られた。

独立した事業部として、それぞれにデザインスタジオを持ち、モデルチェンジに際しては独自に練りに練ったスタイルのクルマを持ち寄りコンペティションが実施された。その中から

**ビッグスリーの車種構成**

| | 大衆車（低価格帯車） | 中級車（中間価格帯車） | 高級車（高価格帯車） |
|---|---|---|---|
| GM | シボレー（1911〜） | ビュイック（1903〜）<br>オールズモビル（1903〜）<br>ポンティアック（1926〜） | キャデラック（1903〜） |
| フォード | フォード（1903〜） | マーキュリー（1938〜）<br>エドセル（1957〜59） | リンカーン（1920〜） |
| クライスラー | プリムス（1928〜） | クライスラー（1923〜）<br>デソート（1928〜60）<br>ダッジ（1914〜） | インペリアル（1954〜） |

　GM本社の首脳陣によって選ばれて基本ボディスタイルが決め
られる。ここで選ばれた事業部にとっては名誉なことである
が、コンペに負けた事業部は、決められた基本ボディをもとに
して新しく差別化を図るためにデザインをやり直さなくてはな
らない。キャビンやドア断面などは共通したものを使用するこ
とで生産コストを抑える手法は戦前からとられており、その中
で各事業部の独自性を発揮させなくてはならないことになる。

上から1956年型
GMのビュイック、
オールズモビル、ポ
ンティアック。

したがって、次のモデルチェンジでは選ばれるデザインにする
ために各事業部が力を入れる。そうした競争により全体の活性
化を図るのが狙いである。

　この時代のGMでは、3つの中級クラスの事業部の強さが、
フォードやクライスラーとの差の原動力となっていた。これら
の事業部では、フォードやクライスラーの動向よりGM内部の

1959年型の上からビュ
イック、オールズモビル、
ポンティアック。これらの
キャデラックとシボレー
の中間に位置するGMの
三つの車種は、お互いにス
タイルで違いを強調して
いるのがわかる。

　同じクラスの事業部の活動を意識し、競い合っていたようだ。

　モデルチェンジするごとに、シボレーやフォードという大衆車が派手に豪華になり、サイズも大きくなるので、その上のクラスのクルマは、さらに派手に豪華にしなくてはならなかった。しかも、モデルチェンジのインターバルも短くなった。新型モデルが誕生するたびに豪華さを強調することになり、クロームメッキが多くなり、走行には必要のないデコレーションが施され、アメリカ車はそれまで以上に"特別"なものになった。人々の欲望を煽り、より豊かになることを実感させようとした結果である。

　クルマのラインアップが確立したことにより、社会的な地位の上昇とともにクルマもより高級なものに買い換えることが一般化したが、こうした画一化の枠内に入らない生活を望む層や、2台目のクルマとしてヨーロッパのスポーツタイプ車やコンパクトサイズのクルマを求める層が存在した。

　こうした層は、時代がたつにつれて増大していくことになるが、少なくとも1950年代のビッグスリーにとっては、それほど考慮しなくてもよいものだった。ビッグスリーがターゲットにしている膨大な購入層だけで、十分な利益を確保することができたからである。しかし、アメリカ車が独自に、特殊化の道を歩んでいったことにより、アメリカ車におけるスモールカーは、実際はスモールカーとはほど遠いものになって、アメリカのスモールカーと"かっこ付き"でいわれるものになり、アメリカではそれらよりずっとコンパクトで燃費がよく、取り回しの楽なヨーロッパを中心とする輸入車が、次第にシェアを占めていくことになる。

# 2. 戦中戦後のアメリカのメーカーの動き

## ◇自動車メーカーの戦争への協力

　アメリカでも第二次世界大戦中の1942年から終戦を迎えようとする1945年7月までの間は、ほとんど乗用車は生産されなかった。その生産設備を利用して兵器の生産に全力を挙げたためである。

　アメリカの大企業は、いったん有事の際は国家への協力を惜しまない姿勢があった。ナチスドイツのヨーロッパにおける危険な兆候を前にして、アメリカでは1940年5月に戦争に対する準備ともいうべき、軍需生産が国防委員会の諮問機関の監督下に置かれることになった。

第二次世界大戦中、GMは航空機用エンジンだけでなく、兵員や物資の輸送になうヘビーデューティトラックを85万台以上生産した。並べられたトラックはいずれも4輪駆動または6輪駆動トラック。

その諮問委員会の委員長に就任したのが、GMのウィリアム・ヌードセン社長だった。

重要な兵器である航空機などの軍需品の生産に関して、民間の企業がどれだけ協力できるかがさし当たっての問題であり、さしずめその期待がもっとも大きいのが自動車産業だった。戦争を前にして自動車業界も国家のために協力することになったのである。

日本との戦争が避けられない気配となった1941年に、ヌードセンは各自動車メーカーに対して当分の間モデルチェンジはせずに、兵器の生産を中心にするように要請した。これをすべてのメーカーが受け入れ、すでに用意されたり出現したりしていた1942年型モデルを最後にして、戦後まで、新しいスタイルの乗用車がつくられることがなかった。

1941年12月の日本との開戦後は、自動車メーカーの兵器生産が本格化した。戦争遂行のためにアメリカがもっとも必要としていたのは航空機だった。戦争でも起こらない限り常に少な

1944年から翌年にかけてクライスラーのダッジ工場でつくられたライト社のサイクロン9気筒星形エンジン。B29爆撃機に搭載された。

61

い需要に悩んでいた航空機産業の生
産設備だけでは、必要とする数にと
ても追いつかなかった。ルーズベル
ト大統領は年間5万機を生産するよ
うに自動車メーカーに要請した。

このころには、ヌードセンは自動
車業界の代表というより戦時体制の
なかの政府の代表としての立場を強
めており、戦争遂行のためにすべて
の自動車メーカーに全面的な協力を
要請した。日本の自動車工業会に当
たる全米自動車メーカー協会は、自
動車工業国防航空機委員会を設置
し、各メーカーの役割分担が検討さ
れ、航空機関係の生産に必要な設備
の改変などが実施された。こうした
準備は、真珠湾攻撃の前から進めら

GMでもロッキードP38用
の液冷エンジンが生産され
た。GMのこの戦闘機は、GM
のデザイン部門を統括する
ハーリー・アールがそのスタ
イルを気に入り、戦後になっ
て自動車のデザインにそのイ
メージが採り入れられた。

れていたので、太平洋戦争の勃発時には、主要自動車メーカー
は計画に沿ったかたちで軍需生産に入ることができた。

非常時体制を敷いて協力することになった自動車メーカー各
社は、その設備を利用して生産可能な航空機用エンジンの生産
を開始した。パッカードがイギリスのロールスロイスで設計し
たマーリンV12型エンジンを、GMとフォードが協力してプ
ラット&ホイットニーのエンジンを生産することになった。

航空機の機体に関しても、フォードがB24爆撃機、GMがB25
双発爆撃機、クライスラーやハドソンなどがB26の生産を受け
持つことになり、これらの工場でつくられた部品やアセンブリ
が航空機メーカーに運ばれて、最終的に組み立てる体制がとら
れた。

軍需物資の輸送に使用するトラックの生産、オフロード走行
に欠かせないジープおよびジープタイプ車の生産、さらに戦車
や水陸両用車、カービン銃や機関銃、船舶用部品、弾薬などの

ウイリス製の
ジープ。シンプ
ルで無駄を省い
て機能性を優先
してつくられて
おり、そのタフ
な走行ぶりで威
力を発揮した。

生産を自動車メーカーが受けもった。

　1941年までは通常のペースで続けられていた乗用車の生産
は、1942年以降は激減した。前年の1941年には325万台を生産
しており、1929年の不況により下降線をたどった乗用車生産は
1930年代後半から上向いてきていたが、これはそれ以来の最高
記録であった。

　途中までは量産体制を維持していた1942年は22.3万台の自
動車を生産したものの、1943年にはわずか139台、1944年には

GMのトラック
部門でつくられ
た上陸用船艇。
このまま陸上走
行ができるよう
になっていた。

610台、1945年には700台に落ち込んだ。1943年からはほとんどゼロに近いといってよい。

日本で国家による経済統制が実施され、戦時中はその統制が強化され、国家総動員法により戦争に協力することが強制された。アメリカでは法律による締め付けではなく、ファシズムやコミュニズムなどに支配されると、自由で豊かな生活が踏みにじられることになるから、と国家に協力するムードがつくられた。

主としてクライスラーで戦時中に生産された戦車。操縦装置の自動化が検討され実用化された。

1939年のニューヨーク万国博覧会におけるGMブースのジオラマ。クルマのある明るい未来が演出されていた。

自動車メーカーも庭つきの家やクルマのある豊かな生活を演出することで、アメリカの自由主義イデオロギーを守ろうとする姿勢を見せていた。ヒトラーの台頭による危機感を強めた時代である1939年のニューヨーク万国博覧会では、豊かな未来へのビジョンを展開することで、ファシズムに対抗するムードを盛り上げた。GMを中心とする自動車メーカーが展示したジオラマでは、自動車のある夢にあふれた未来の姿を描き出した。これは、アメリカの国づくりの方向と見事に一致したものだった。自動車メーカーは、戦争に積極的に協力することで、愛国的であることを示した。

## ◇ガソリン不足によるスピード制限の実施

戦時中のアメリカでは、日本ほど深刻ではなかったものの、ガソリンが不足した。そのため、配給制がとられた。日本と違って、国土の広い

ハドソンの工場における航空機
用エンジンのアルミピストンの
工作作業風景。ここでも女性が
動員されている。

アメリカにあっては、日常生活を維持するために自動車の利用は欠かせないもので、軍需を優先するにしても、乗用車が普通に走ることを前提にした配給制だった。

新型車に乗ることは我慢させられ、浪費をふせぐことが戦争に協力することだった。ガソリン消費を少なくする目的で、1942年5月から全国的に最高速度は時速40マイル（約64km/h）に制限され、さらにその後は35マイル（約56km/h）に制限さ

クライスラーの工場における
女性従業員による航空機のウ
イング部の作業。主翼がアセ
ンブリとして組み立てられ、
航空機メーカーに運ばれた。

れた。ガソリンよりも不足が深刻になったのはタイヤ用ゴム
で、これは主要生産地である東南アジアを日本が支配したため
だった。スピードを下げることで、燃料消費とともにタイヤの
摩耗を少なくする狙いだった。

　日本では、石油不足が深刻化したために、1930年代の終わり
には乗用車の生産は厳しく制限され、石油は航空機など兵器用
にまわされ、民間の使用は全く不可能だった。アメリカでは供
給不足というより、兵器用の需要が増大し、民間用のエネル
ギー節約が求められた。

　戦時中に効率よく石油をアメリカ全土に運搬するためにパイ
プラインなどの整備が進んだ。実は、戦後になってガソリンの
価格が低く抑えられたのも、こうした軍需用のための効率化が
生きていたからだった。

　その後は1973年のオイルショックが訪れるまで、アメリカで
はガソリンを節約しなくてはならないという意識は、ほとんど
持たないで過ごすことができた。

◇フォードの戦中戦後

　大量生産するT型フォードで大成功を収めたフォードは、車
両価格を引き下げることで購買層を増やすという従来からの方
針を守りとおしていた。売れ行きの良い一車種だけに集中する
考えを貫いていたために、車両の技術的な進化やデザインの新
しさより、生産効率を上げて車両価格を下げることを優先、ス
タイルを新しくすることに熱心ではなかった。このやり方で20
年以上にわたって成功しており、自動車業界の王者として君臨
するヘンリー・フォードは、資本主義の成功を体現している人
物として尊敬されていた。

　大衆車を主体としたフォードは、中間車種としてマーキュ
リーをもち、買収したリンカーンという高級車をもっていた
が、依然として少ない車種を多く売る方針を貫いた。

　しかし、革新的だったヘンリー・フォードの行き方は、いつ
の間にか超保守的になり、フォードは斬新なイメージからはど
んどん遠ざかっていった。

**それ以前のビッグスリーのこと**

左が1908年からつくられたフォードT型。ベルトコンベアによる量産体制を敷いたことで知られているが、各コンポーネントの互換性を図り、品質管理を徹底させたことで工業製品としての完成度を高めたものであることが重要だ。それでも、時代の流れには勝てずに、シボレーの攻勢の前にモデルチェンジを図ることになり、右のA型となった。

1924年に自動車メーカーとして登場したときのウォルター・クライスラーと直列6気筒エンジンを搭載したクライスラー。T型フォードがアメリカの市場の55パーセントを占めるなかで、クライスラーは性能のよいクルマを提供する方針を掲げて参入し、一定の支持を受けて成功した。

1927年5月に生産累計500万台に達したシボレー。ベストセラーのフォードT型より性能とスタイルの良さで急速に売り上げを伸ばし、GMの躍進の原動力となった。

ヘンリー・フォードの息子であるエドセル・フォード
が経営陣に加わり、社長となって古い体質となった
フォードを改革しようと努力したが、老フォードと彼の
取り巻きとして権力を握ったハリー・ベネットにさまた
げられた。エドセルは1943年に胃ガンで若くして亡く
なったが、改革が思うようにできなかったストレスがそ
の原因をつくったといわれている。80歳になる老フォー
ドが返り咲いて社長となったが、GMが躍進するのと対
照的にシェアを落とし、フォードは新しい体制で出直す
以外になくなっていた。

純粋戦後型として登場した
1949年型フォードの広告。
希望にあふれたムードが伝
わってくる。

　海軍にいたヘンリー・フォードの孫に当たるヘン
リー・フォード二世が1943年に副社長になり、終戦の年である
45年に社長に就任した。経営者の一人として老フォードの信頼
を集めたベネットの存在は有害であると判断した新社長は、彼
を解雇し、代わりに空軍の優秀な若手やハーバートスクールの
英才を経営陣に加えた。彼らはウイッズキッズ、つまり神童た
ちと呼ばれたが、この中に後のケネディとジョンソン大統領の
もとで国防長官となるロバート・マクナマラがいた。彼らは財
政的な統計管理を専門とする人たちで、短期的な利益を出すこ
とを優先して長期的な利益を損ない、フォードの凋落を招く原
因をつくったとジャーナリストのハルバースタムに批判される

1948年型のリンカー
ンはV12エンジンを
搭載、しかし、まだ戦
前型のイメージを残し
ている。

68

　ことになるが、フォード二世の元でフォードの改革に寄与した
ことは確かである。

　1950年には、クライスラーに奪われた全米2位の地位を取り
戻し、再び脅かされることはなかった。しかし、GMとの差は
決定的となり、車両価格の決定やスタイル、機構などのトレン
ドに関しては、GMがつくり出すものに従わざるを得ない立場
になっていた。

### ◇トップメーカーとなったGMの戦中戦後

　GMが1920年代後半から自動車業界のリーダーとなり、成長
を遂げたのはアメリカの経済の発展とともにであった。1925年
から大恐慌に見舞われる1929年までの間に急速に売り上げを伸
ばし、力を付けることで恐慌を乗り越え、1932年からの景気回
復に伴って他のメーカーとの格差を広げていった。

　GMの成長は、3代目社長となったスローンの強力なリー
ダーシップによる的確な経営手腕に負うところが大きい。技術
的に他のメーカーより先進的であることのほかに、スタイルの
重要性を説き、販売網を整備し、よく吟味した見通しの上に

上は1940年型シボレー。こ
れもベストセラーとなった。
下は1941年型ポンティ
アック。これと同じスタイル
のモデルが戦後も生産された。

立った積極的な設備投資など、スローンの示した明確な指針によるものだった。

　販売部門をうまく機能させるようにしたことは、GMのその後の成長に大きな役割を果たしている。GM車の各ディーラーに対しては顧客とのコミュニケーションをよくするように指導するとともに、ディーラーの利益を約束し、運営がスムーズにいくよう配慮した。自動車ディーラーのあり方をマニュアル化し、それを完成させたのはGMだといっていい。

1942年1月29日、クライスラーの工場で最後のクルマがラインオフしたときの記念写真。

　戦時中は、クルマの生産をほとんど中止していたが、その間も整備用のパーツの供給を絶やすことなく、また在庫や余剰のパーツなどをディーラーの希望によってひきとるなど、その負担が最小になるよう配慮していた。

　販売部は製造部門との連携をとり、販売やサービス方法を有効に行うようにするだけでなく、情報の収集や判断、各部門への報告や勧告を実施する。売れ行きに見合うディーラーの配置や新規開拓を実施、モデルチェンジによる旧型車の処理をうまくやることなど、しっかりと管理するシステムにしている。

　各事業部のトップといえども、GM本社の打ち出す方針をわずかでも逸脱することは許されず、その範囲での明確な権限が与えられていた。大恐慌によって販売台数の大幅な落ち込みが見られたが、損害を最小限に抑えるために、シボレーとポンティアック、さらにはビュイックとオールズモビルの共通部品を増やすなどしてコストの大幅な削減が図られた。

　シャシーやエンジンを共用して異なる車種、バリエーションをつくる生産方式はこの時代にアメリカで確立したものである。多くの部品やシステムを共通化することで生産コストを抑制しながら、装備やデザインなどで差別化を図る商品企画・販

70

売戦略が成功したことが、GMの成長のもととなった。1960年代後半から著しい成長をとげた日本の自動車メーカーも、この方式をうまく取り入れている。

GMがトップメーカーになり、それを維持していった背景には、的確な需要見通しを立て、それに見合った先行投資をしていったことがあげられる。

戦争中は政府との戦時生産契約に基づき活動していたために、多くの利益を生むことがなかったものの、会社の経営としては安定した状況にあった。

GMでは、途中から戦時体制になった1942年は民需が3.5億ドルに対して軍需生産は19億ドルに達し、翌1943年は軍需生産が37億ドル、1944年は38億ドルとなった。GMでは1945年5月にドイツの敗北によるヨーロッパ戦線の終結に伴って平時体制への切り替えを進め、その3ヵ月後の太平洋戦争の終結までには全面的な切り替えを行っていた。

GMが軍需生産のために行った設備投資は1944年までに1.3億ドルに達し、戦時中の軍需生産による売り上げは125億ドルに及んだという。議会は戦時利益制限関係法を成立させ兵器生産による利潤を一定の範囲内にとどめるようにしていたから、この間の利益は自動車の製造販売によるものより少なくなった。それでも、GMは1940年から1944年までの間に11億ドルの利益を計上し、そのうちの8.2億ドル近くを配当に回している。

GMでは、戦後計画として5億ドルの投資をする計画を立案した。これは1944年の設備の1.75倍に相当する投資額で、極めて強気の計画であると見られた。しかし、こうした計画に基づいて設備投資をしたことによって、大量生産体制を敷くことができ、他のメーカーよりコスト的に有利に展開することが可能になった。

戦時中に平時への転換のために用意したGMの準備金は7600万ドルあり、これに保険会社からの融資や株式を公開することで資金を調達した。実際にはインフ

1946年のキャデラックの広告。1942年型をマイナーチェンジしたもの。

レの進行により資金はさらに必要になったが、1947年から生産
が軌道に乗って資金的にも楽になり、保険会社からの借り入れ
金1.25億ドルは数年のうちに返済している。

　1950年に朝鮮戦争が勃発して再び兵器の生産を請け負うよう
になると、いかに乗用車の生産を下げないで実施するか検討
し、将来的な設備投資を実施している。

　量産体制を敷くには、その生産規模に見合った設備を整える
ことが必須で、需要が予想を上回ったために、あわてて増産体
制をとるようでは効率が良くない。量産するためには最初の設
備に多額の資金を注ぎ込んで、そのクルマのためだけに使用す
る工作機械やプレス型を設置した方が、トータルではコストが
削減されることになる。したがって、立てられた需要見通しが
正確であることが求められる。

　戦後のアメリカの経済成長は著しかった。GMは、この間に
常に強気の需要見通しを立て、その計画の下に設備投資を行っ
た。それが当たったことで、その利潤はきわめて大きくなり巨
大化した。

# 3. ビッグスリー以外のメーカーの盛衰

### ◇自動車メーカーの寡占化の進行

　20世紀になって、新興産業として注目された自動車の生産は
ブームとなり、多くの自動車メーカーが誕生したものの、1929
年の大恐慌により、その大半が姿を消した。このときに淘汰さ
れたのはエンジンメーカーからエンジンを購入して車体を組み
上げていたメーカーなど基盤の弱いところが中心だった。ま
た、デューセンバーグやピアスアローといった少量生産の高級
車メーカーも経営的に成り立たなくなった。

　戦後すぐは、再び売り手市場となり、小さいメーカーが活躍
するチャンスが訪れたものの、ビッグスリーに代表される大
メーカーが量産体制を整えて業界をリードするようになると、
そのほかのメーカーは苦しい立場に追い込まれた。再び淘汰が
進み、自動車業界はさらに寡占化された。

　生産台数を増やすためには、それに見合った設備投資をあら

かじめ実施しなくてはならない装置産業では、財政的に余裕があるかどうかが大きな鍵を握っている。

　GMとフォードとクライスラーのビッグスリー以外のいわゆる独立メーカーが活動して一定のシェアを占めていたのも、戦後のしばらくの間だけだった。

　それらのメーカーは、独自性を示し存在感をアピールしたものの、量産体制を敷いて大攻勢をかけるビッグスリーの前には次第に太刀打ちできずに、時間的なずれはあったものの、いずれも姿を消すに至った。

　ここでは、独立メーカーの戦後から1950年代にかけての動きを見ていくことにしたい。

◇**新興メーカーの活躍**

　生産を中止していた乗用車がつくられるようになった戦後すぐの段階では、新型車を求めるユーザーの要求に応えられない状況がしばらく続いたから、1920年代後半から途絶えていた新規メーカーが参入する事態がみられた。どこも航空機や兵器などの生産からの転換が軌道に乗るまでは、殺到する顧客の要求を満たすことができず、とにかく走れる状態に仕上げたクルマを市場に出せば買い手がついたのである。

　戦後になって誕生したメーカーのなかで注目されたのはカイザー・フレーザー社である。

　カリフォルニア出身の実業家であったヘンリー・カイザーは、

1947年登場のカイザー・スペシャル。同社のもっとも初期のモデルで、戦後のものとして、登場直後はスタイリング面で新鮮さを与えた。

カイザー社のスモールカーとして登場したヘンリーJ。1953年2ドアセダンモデル。このモデルが日本でノックダウン生産された。

休止していたグラハムページ社を買い取ってその社長となっていたジョセフ・フレーザーと協力することで、終戦と同時に新しい自動車メーカーとして名乗りを上げた。クライスラーやウィリス社に在籍した経験を持ち、自動車に関する知識と経験を持つフレーザーと、経営手腕を発揮して他の分野で大いに成功を収めたクルマのマニアであるカイザーが組むことで成立したメーカーだった。

　グラハムページ社を吸収し、戦時中の航空機の生産工場となっていた元フォードの工場でもあったウイローラン工場を借り受けて自動車の生産を開始した。初めはフロントエンジン・フロントドライブ機構のクルマが計画されたが、市販されたのはコンベンショナルなリアドライブ車（FR）だった。エンジンは専門メーカーのコンチネンタル社製直列6気筒3700ccを使用、その後自製するようになったが、技術的に新味のあるものではなかった。

　サイズとしては中型クラスの4ドアセダンが中心で、高級なカイザーとそれよりポピュラーなフレーザーが登場した。既存のメーカーが戦前型のスタイルをリニューアルしたスタイルだったなかで、すっきりとボディサイドがフラッシュ化したものだったこともあって、販売は好調だった。

　1947年には14.5万台、1948年には18万台となりアメリカ国内の新車販売の5パーセントに達し、華々しく成功をおさめた

ことで、カイザーはヘンリー・フォードの再来とまで一部でいわれるようになった。

カイザー・マンハッタン４ドアセダン。早くも広く低くしたスタイルとなっている。1953年モデル。

　しかし、順調なのはそこまでだった。1949年も販売台数は増えたものの、企業の収益はよくなくなった。

　さらに、1950年になると戦後の新しいスタイルのモデルが既存のメーカーから続々と登場したことにより、カイザーやフレーザーはたちまちのうちに古めかしいクルマという印象になり、販売は落ち込んでいった。

　1952年にはカイザーやフレーザーより一回り小さい2ドアセダンのヘンリーJをラインアップに加えた。

　この不振を打開するためには、莫大な投資をして新型車の開発とその生産設備を準備する必要があったが、そのための資金集めは簡単ではなかった。さらに、ビッグスリーに対抗してい

ジープを主力としたウィリス社も90馬力のコンパクトなエアロエースを登場させた。上はジープをベースにしたウィリスジープスター。

76

くためのディーラーの全国組織の確立や優秀な技術者やデザイナーを集めることも容易ではなかった。

　カイザー・フレーザー社は、航空機の生産工場をベースにして、その改変を最小限にして自動車を生産する体制を整えたので、早くから生産することはできたものの、自動車の組立には不都合な部分に目をつむり、生産効率の良くない体制を続けるという問題を抱えていた。そのため、ビッグスリーに対抗する力量を持つに至る前に、挫折せざるを得なかった。

　1953年に同社はジープを主力とするメーカーのウィリス・オーバーランド社に買い取られ、2年後にはカイザー・インダストリーと社名を変更して乗用車部門から撤退し、ジープやトラックを生産するようになり、カイザーの野望は夢と消えた。

　同じように1950年頃まで活躍したメーカーにクロスレー社がある。カイザー・フレーザーのように純粋戦後派ではなく、1939年に設立したメーカーであるが、その活躍は戦後になってからであった。

　1000cc以下のエンジンを搭載するコンパクトカーメーカーとして独自性を発揮、スポーツタイプのホットショットは人気があった。どちらかといえばヨーロッパ車の行き方をしたアメリカ車だった。しかし、ナッシュ社が小型車部門に参入すると売れ行きは衰え、1952年には生産を中止した。

　アメリカの市場で一定のシェアを占めるには莫大な投資が必要であり、そのリスクを負うことができなかったために撤退せざるを得なかったが、その後アメリカでは全体に車両が大型化していったこともあって、もう少し頑張っていれば生き残れた

小型車メーカーとして存在感を示したクロスレーの2シーター。

77

のではないかという見方もされた。

　このほかにも、戦後になって名乗りを上げたのは後輪駆動（RR）の特徴的だったタッカーがある。

　同様に、スチュードベーカーの販売担当重役だったジョージ・ケラーがつくったケラーモータースはアラバマの航空機工場で小型車を生産する計画を立て、試作車がつくられた。しかし、肝心のケラー自身が1949年に死亡したために車両がアメリカの市場に出回ることなく終わっている。

　このほかにも、いくつかの動きがあったものの成功したものはなかった。

## ◇スチュードベーカーとパッカード社の活動

　戦前からの独立メーカーと呼ばれていたのは、ハドソン、ナッシュ、パッカード、スチュードベーカー、それにウィリスだった。オフロードカーのジープを民間用に製造販売するウィリスをのぞけば、いずれもビッグスリーと競合する車種を生産していた。1954年にはハドソンとナッシュが合併してアメリカンモーターズ社となり、パッカードとスチュードベーカーがひとつの組織になってスチュードベーカー・パッカード社になっている。

　売り手市場が続く戦後すぐの段階では、これら独立メーカーは、モデルチェンジをビッグスリーより早めに実施したこともあって注目を集めた。

　なかでも、インダストリアルデザイナーとして知られたレイモンド・ローウィのデザインしたセダンを1946年にデ

1947年型のスチュードベーカー。レイモンド・ローウィのデザインである。

78

1953 年型スチュードベーカー。フラットなボンネットが特徴。テールフィンも目立つようになっている。

ビューさせた1947年型モデルのスチュードベーカーは、斬新なスタイルで人気を得た。1950年になると、フロントにコイルスプリングを使用した独立懸架装置を採用、1951年にはV型8気筒のOHVエンジンを搭載するなどして機構が古めかしくならないように改良された。

　1947年型スチュードベーカーは1946年の8万台近い生産から1947年には23万台に迫る売れ行きを示し、独立メーカーのなかではトップにたった。1952年までマイナーチェンジで凌いだが、1949年からビッグスリーの新型が出てくると苦戦を強いられるようになった。

　1953年にはローウィのデザインになるスターライナーが発売され、ジャーナリストなどからは評価されたが、実際の売れ行きは伸びず、経営の苦しくなったスチュードベーカー社はパッカードとの合併に踏み切らざるを得なくなった。

　スチュードベーカー社は、19世紀までは馬車製造をしていた伝統のある企業で、1902年電気自動車の製造を始め、1914年にガソリンエンジン車をつくり、その後は順調に業績を伸ばしていった。

　しかし、1929年から始まる大恐慌により販売は激減、1933年には倒産した。管財人の手で再建され、ローウィがデザインコンサルタントになり、1939年からの直列6気筒2687ccエンジンの大衆車チャンピオンが成功したことにより、メーカーとしての地位を保って戦後を迎えた。

1951年型パッカード。スタイルの基調がビッグスリーのクルマと同じになり、パッカードらしさが失われた。

　パッカード社もこれに劣らぬ名門メーカーであった。創業は1900年、一貫して高級車が主力で、T型フォードとは異なり、富裕層をターゲットにして、エンジンはツインシックスといわれたV型12気筒エンジンを1915年に登場させ、アメリカだけでなく世界の上流階級を相手にして成功を収めた。その後、直列8気筒エンジン車を量産し、航空機用ロールスロイス製のマーリンエンジンの量産でも知られた。

　戦後は成功した道を歩んだとはいえなかった。大型車の生産をあきらめ、中型クラスを中心にしたラインアップとなり、戦前型のクリッパーをリニューアルしたシリーズから販売を始めた。直列6気筒の廉価モデルからボンネットの長い豪華な直列8気筒モデルまであったが、価格帯が広い割には機構的な変化が少なかった。直8エンジンは4700ccから5800ccまであり、最

1954年型パッカード。テールフィンを付け、この時代のアメリカ車らしいスタイルだった。

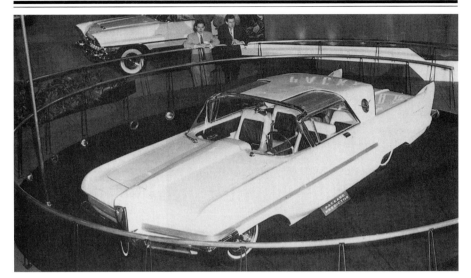

1956年にパッカードが試作したショーモデル「プレディクター」。新しいスタイルのあり方を追求した意欲的デザインだった。

高出力165馬力は1951年に強力なV8エンジンが登場するまでは最もハイパワーで、パッカードの伝統を継ぐ高級車として宣伝された。

しかし、次々に新機構を装備したモデルを繰り出してアピールする豪華車のキャデラックには、対抗するだけの力量がなく苦戦を強いられた。

合併してからも、当初はそれぞれに独自の設計による新型車を販売したものの、財政的に苦しくなるばかりだった。新規に設備投資することもままならず、量産効果をあげることができないばかりでなく、信頼性のある車両に仕上げるという基本的

1957年型パッカード。スチュードベーカーのボディを利用したものとなった。

81

なレベルで問題が生じることさえ
あった。好景気のカーチスライト社
がつもりつもった赤字を補填してく
れたものの、逼迫した状態が続いた。

　量産効果を上げるためにスチュー
ドベーカー製の車両にラジエターグ
リルなどの見た目の違いを出したも
のがパッカードとして販売されるよ
うになった。内装などの豪華さを強
調したものだったが、スチュード
ベーカーより車両価格が高く、売れ
行きが上がることはなかった。

1958年型のスチュード
ベーカーのシリーズ。上
から4ドアセダン、ステー
ションワゴン、ハード
トップ。ビッグスリーと
同じ方向性のデザインで
ある。

　スチュードベーカー車も好調とはいえず、起死回生を図るた
めに1959年にビッグスリーと競合しないコンパクトカーのラー
クを販売するようになり、その成功で一時的に一息つくことが
できた。

　それまでの同社でつくられた各種の部品をうまく使用して新
規の設備投資を少なくしたモデルで、苦しい財政のなかでの意
欲作だった。しかし、1959年こそ15万台を超える販売実績を
残したが、1960年からは下降線をたどるようになった。その原
因は、ビッグスリーがコンパクトカー部門に進出するようにな
り、ヨーロッパの小型車の輸入が増加して、シェアを奪われた
からである。1964年には年間5万台に達しなくなり、ついにサ

1959年に発表されたコン
パクトサイズのスチュード
ベーカー・ラーク。

1960年型スチュードベーカー・ホーク。1953年に出したモデルと同じボディをベースにして新しくデザインされたもので、ボディ形状も古めかしくなっている上に、テールフィンが麗々しく付けられた。

ウスベンド工場は閉鎖に追い込まれた。カナダで生産が続けられたが、これも2年後には中止された。これにより同社の自動車製造は終わりを告げた。

## ◇ハドソンとナッシュによるアメリカンモーターズの誕生

アメリカンモーターズ社が、スチュードベーカー・パッカード社より長く生きながらえたのは、車両の方向を鮮明に打ち出して、ビッグスリーとの競合を避ける努力をしたからである。戦後すぐの段階でも、ハドソンとナッシュの両社は魅力あるモデルを出して好調なスタートを切っている。

サイドがフラッシュ化され、リアのホイールが覆われている1950年型ハドソン。スポーティであることが強調されている。

1950年型ナッシュは、ホイールがボディに半ば覆われており、前後のフェンダーはつながっているデザインになっている。

　ハドソンは1947年秋に1948年型モデルとして、セミモノコック構造を採用した全高の低い特徴的なスタイルを出して話題をさらった。

　4ドアセダンと2ドアクーペ、それにコンバーチブルを加えたシリーズで、全長は5200mmを超える大型だったから、よけいに背の低いスタイルが印象的だった。ボディに覆われた後輪タイヤはフレームに取り付けられたサイドメンバーの内側にあり、フロア位置が低く、室内の広いのも特徴だった。エンジンは戦前から使用された直8に加えて新型の直6・4300ccが加わり、さらに1951年には同じく直6の5000cc145馬力が加わった。

1952年型ナッシュ・アンバサダー。ピニンファリーナのデザインで知られている。

このハイパワーエンジンを搭載するハドソンはナスカーのストックカーレースで無敵を誇り、評判を高めた。合併後もマイナーチェンジを受けて生産された。

　ナッシュも特徴的なスタイルで戦後のスタートを切った。モノコック構造でカーブドガラスウインドスクリーンで視界の良さを強

1954年につくられたヨーロッパ向け小型車のナッシュ・メトロポリタン。これもピニンファリーナのデザインだった。

調した。3000ccから3800ccの直6エンジンを搭載し、大衆車と中型車クラスだった。ビッグスリーとは異なり、イタリアのカロッツェリアであるピニンファリーナにデザインを依頼するなどして、スタイル的にもヨーロッパ調をしたものが市販された。

ナッシュからコンパクトカーのランブラーが発売されるのは1950年のことで、この売れ行きが良かったことが、ハドソンとの合併では強みとなった。売れ行きの落ち込みで次第に財政的に厳しい状況に追い込まれていたハドソンとは公式的には対等

1957年型ハドソンは、ナッシュと同じボディを持っているが、この1956年に発売されたタイプがハドソンの名前を使用する最後のモデルとなった。

合併といわれたが、ナッシュが主流
になっていった。1955年の新型モデル
はハドソンのディーラーで売られる
モデルも、ナッシュ製のラジエター
グリルを変えたものとなった。しか
し、1957年にはどちらの社名を持った
クルマも姿を消し、アメリカンモー
ターズのクルマはランブラーにしぼ

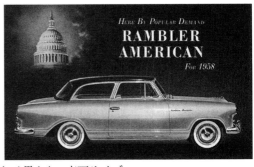

1958年型ランブラーのカ
タログ。ヨーロッパ調のデザ
インで小さいボディと広い
キャビンになっていた。

られた。ビッグスリーのクルマづくりとは異なり、車両サイズ
のわりには居住空間を大きくとるという合理的なクルマだっ
た。

　ナッシュのもう一つの車種はサブコンパクトカーである小型
のメトロポリタンで、イギリスのオースチン社から購入した
1200cc直4エンジンを搭載、1954年に発売している。

　ナッシュ社の総支配人からアメリカンモーターズの社長に
なったジョージ・ロムニーは、一貫してビッグスリーと競合す
るクルマでは勝ち目がないという考えをもち、機能性とは関係
なく車両サイズを肥大化する方向には進まなかった。

　ハドソンの歴史は1909年に始まり、大きすぎず、大衆的すぎ
ない、直列6気筒エンジンを搭載するクルマとして一定の支持
を受け続けた。一時はフォードの乗用車に継ぐ販売台数に達し
たこともあったが、大恐慌以降はビッグスリーに対抗するだけ

1960年型ナッ
シュ・アンバサ
ダー。テールフィ
ンをもつものの
ビッグスリーの
スタイルとは違
いを鮮明にして
いる。

86

1960年型ランブラー。この
タイプを出した年にビッグス
リーもコンパクトカーを出し
てきているが、スタイルでも
違いがある。

の力量はなくしていた。

　ナッシュ社はGM出身のチャールズ・ナッシュが1917年に興
したメーカーで、その出身母体であったビュイックと同じクラ
スのクルマでスタートした。次々と経営が苦しくなったメー
カーを傘下におさめて経営基盤を確かなものにしていき、技術
的にも先進的なものにする方針を立てて、エンジン機構を新し
くしたり変速機の自動化に挑戦、1938年にはクルマに初めてエ
アコンを装備している。ランブラーも戦後の最初のコンパクト
カーとしての登場だった。

　その後、アメリカンモーターズは1980年半ばまで生産を続け
たが、クライスラーに吸収された。

# 4.パワー競争とイージードライブの進化

　クルマを買い換える場合、それまで乗っていたクルマより優れたものをほしがるのは当然のことである。各メーカーはより快適で、より性能がアップし、よりスタイルの良いクルマを次々と出していくことでユーザーの購買意欲を煽った。

　ここではエンジンパワーを始めとしてアメリカ車の黄金時代の技術的な進化の方向を見ることにしよう。

　戦後になって、新型車に対する期待が高まり、より強力なエンジンが求められた。いつの時代でも、進化したエンジンはユーザーの心をそそるものだ。

フォードの出したスポーツタイプ車のサンダーバードでも女性が気軽にドライブすることを前提に開発された。このクルマは珍しくフロアシフトのマニュアルトランスミッションを採用している。

　アメリカの都市間道路は1930年代から急速に舗装化が進み、それにつれてエンジン性能の向上が促された。第二次世界大戦により、ハイウエイ計画は中断されたが、戦後になって、その計画が実施に移され、各地に高速道路網がつくられた。戦時中は、ガソリン不足を補うためにスピード制限が行われていたが、その制約もなくなったことにより、燃費の良いクルマより、加速が良く、速く走ることができるクルマが求められた。

　戦前は直列4気筒からV型16気筒までバラエティに富んでいたエンジンは、戦後になるとV型8気筒（V8）エンジンが主流になった。

　V8は、いかにもアメリカ車にふさわしいエンジンという印象がある。戦前からV8エンジンを搭載していたのはキャデラックやマーキュリーなどに限られていた（フォードは例外的に1932年型からV8を積んでいた）。高級車用にはV12エンジンもあり、全長が長くなる直列8気筒エンジンも搭載されていた。

　大きいサイズで重いアメリカ車では、加速するのになくてはならないトルクを重視するために、エンジン排気量は大きくなった。なかには6気筒でも5000ccにも達するエンジンがあり、一つのシリンダーが大きいのが特徴である。

　戦後のアメリカ車では、V型8気筒エンジンが主流になるこ

1952年型オールズモビル・コンバーチブル。この時代にはすでにオートマティック車がかなり普及していた。

とで、大衆車から高級車まで高出力エンジンになった。戦前に
見られた車格によるエンジンの階層化が、シボレーやフォード
にも大排気量V8が搭載されることで底上げされて平均化した。
大衆車であるシボレーやフォードには直6エンジン搭載車が廉
価バージョンとして残された。これらの車両も、同じボディに
強力なエンジンを搭載したスペシャルバージョンがあること
で、全体のイメージアップが図られた。

### ◇新機構のOHV型V8エンジンの登場

　1949年に進化した戦後のV8エンジンがキャデラックに搭載
されて姿を現した。旧型のV8エンジンとは内容がかなり違っ
ていた。まずサイドバルブ型からOHV型となり、さらにシリ
ンダーボアの大きいショートストロークタイプとなって、大幅
に軽量化されていた。エンジンのなかの中心的な部品として往
復運動を繰り返すピストンは、従来の円筒型からスカートの両
サイドに切り込みが入ったスリッパー型となり、軽くなると同
時にエンジンの高さを抑える効果を発揮していた。

　OHV及びショートストロークにしたことで、パワーを上げる
ことができ、旧型より排気量が少し小さくなっているにも関わ
らず、最高出力は10馬力上がって160馬力となっていた。部品
の設計を工夫することで90キロ以上も軽量化された。

1949年型キャデラックに
搭載された新しいV型8気筒
エンジン。

オールズモビル用直列6気筒エンジン。ボンネットフードの先端が盛り上がっていたので、背の高いエアクリーナーが付いていても問題なかった。

エンジンを新しくすることは、部品を含めてその生産設備を一新しなくてはならず、そのための設備投資も莫大になる。したがって、新型となったエンジンは改良を加えながらできるだけ長く使用すると効率が良い。当時は、設計の段階からそれを前提にして、排気量アップのためボアを大きくできるように最初から余裕を見てあり、その分オーバークオリティになっていた。

最上級車種であるキャデラックは、装備を充実させていけば車両重量はどんどん増加していくから、それに見合ったパワーアップを図る必要があった。また、ライバル車がパワーのあるエンジンを出してくれば、それに対抗できる性能アップを図らなくてはならない。それを予想して、性能向上できる余地を充分に残して登場している。最初は、圧縮比7.5だったV8エンジンは、ガソリンのオクタン価の向上に合わせて圧縮比を上げていき、1960年代に入ると10.5まで上がった。排気量も次第に大

キャデラック用より一回り小さいオールズモビル用のOHV型V8エンジン。エンジンの上部にロケットエンジンと書かれていた。

91

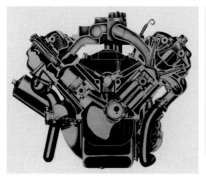

クライスラーの半球型燃焼室を持った
新しいパワフルなV型8気筒エンジン。

きくなり、最終的には7000ccにまでなり、出力も340馬力に達
した。

　GMの斬新なエンジンの登場により、他のメーカーもエンジ
ン開発とその登場に関して戦略の練り直しを迫られた。サイド
バルブ型エンジンの生産設備を一部改造してFヘッドといわれ
た吸気バルブだけシリンダーヘッドにあり、排気バルブは従来
通りシリンダーブロックにある機構にして、お茶を濁そうと考
えていたメーカーは苦しい立場に追い込まれた。

　GMのオールズモビルも、当初はFヘッドのV8エンジンを出
す計画を進めていたが、1年遅れてキャデラックより一回り小
さい5000cc135馬力のV8エンジンを搭載した。新しい先進的な
エンジンであることをアピールするために、実際にはキャデ
ラック用の新型以上の先進性はないものだったが、このオール
ズモビル用OHV・V8はロケットエンジンと命名された。

　1951年になると、クライスラーとスチュードベーカーから新
しくOHV型のV8エンジンが登場した。

クライスラーはレースにも力
を入れた。これは1951年型
クライスラーのインディレー
ス用のペースカー。

パワフルなV8エンジンを
搭載して馬力競争の先頭を
走ったクライスラー300。

　同じOHV型でも、クライスラーの新型エンジンは他の多く
が採用しているウエッジ型燃焼室とは異なり、半球型をしてい
た。このほうが吸排気バルブの開口面積を大きくできるので、
性能的には有利だった。パワー競争の時代に入ったことを意識
して、その分野でリードしようという野心的な試みであった
が、部品点数が多くなり、コストがかかるものになることが欠
点だった。キャデラック用V8と同じ排気量でありながら20馬
力上回るパワーがあり、それをアピールするためにストック
カーレースに出場して好成績を収めた。

　クライスラーの最高級グレードのクライスラー300がパワー
競争をしかけるかたちになり、これに応じてキャデラックも排
気量を拡大して対抗した。最高出力ではクライスラーが有利
だったが、それが必ずしも販売実績に結びつくとは限らなかっ
たようだ。

　パワー競争が激しくなり、クライスラーV8は、ついに400馬
力を達成した。しかし、コストのかかる半球型燃焼室エンジン
は1960年代になって姿を消した。キャデラックを始めとして、
その後登場したGMのOHV型V8エンジンの燃焼室形状は、コ
ンベンショナルで生産性のよいウエッジタイプかバスタブ型の
ままだった。性能向上のために新しい技術を入れて設計し直す
ことはせずに、シリンダーヘッドやブロックなどは若干の手直
しとともに、排気量の増大や、キャブレターなどの付属装置の
改良でしのいだ。それが最も効率の良いやり方だった。

1952年型になるとデソートにV8
が追加され、1953年には、ビュイッ
クやダッジに、1955年にはシボレー
やプリムス、ポンティアックにもV8
エンジンが積まれるようになり、独
立メーカーのハドソンやナッシュ、
パッカードでもV8を登場させた。こ
れによって、かつての主力だった直
6エンジンは廉価バージョン用エン
ジンとなった。

シボレー用V型8気筒エン
ジン。1955年に登場し、当
初は180馬力を発生した。

　1950年代の終わりになると、ハイ
オクタンのガソリンが出回るように
なり、圧縮比10は当たり前となったが、このころにはキャデ
ラックは排気量を大きくしても最高出力は上げようとしなくな
り、中間のトルクを大きくして使いやすいエンジンにする方向
を鮮明にしていた。パワー競争をすれば、生産コストを引き上
げることになり、ドライバーにとってもパワーがあることだけ
が価値のあることではないことを納得させる作戦を採ったので
ある。

　実際にいくら大きく重い車両でも、最高出力は300馬力ほど
あれば充分で、ユーザーがそれで不満を持つことがなかった。

左は1951年に登場した
フォード用直列6気筒エン
ジン。101馬力でスタート
した。右はその翌年に姿を見
せたV8エンジン。当初は
110馬力であったが、年々
出力を上げていった。

ダッジのフレーム。フロントはコイルスプリング式の独立懸架で、リアはリーフスプリングを用いたリジット式が普通だった。

　直列6気筒や8気筒エンジンでは、エンジン全長が長くなるだけでなく、全高も高くならざるを得ない。その点、直列型エンジンより全幅は大きくなるが、全長も全高も小さくできるV型8気筒は、エンジン収納に関しては有利だった。フロントのオーバーハングを短くするにはこの方が都合が良かったし、搭載スペースに余裕がある分をデザインに振り向けることが可能になる。しかし、これが実際に生かされるのは1950年代の後半のことであった。

　一方で、パワー競争が激しく展開したのは、加速力のすごさ、ダッシュ力が求められたことが原因である。高性能エンジンのアメリカ車では、アクセルペダルを踏み込むと、束縛から解き放たれた俊敏な動物がダッシュするような鋭い加速感があることが好まれた。背中がシートバックにたたきつけられるような加速力は、ロケットスタートといわれて一定のユーザーが求めるもののひとつだった。

1958年型エドセルに搭載されたV8エンジン。左のフォードV8と基本は同じで、スタイルに合わせてエアクリーナーを始めとしてエンジン高を低くしているのがわかる。

　排気量の大きいV8エンジンでは、回転はそれほど上げなくても加速するから、エンジン音は低周波の野太い音が大きく響く。腹の底に響くようなエンジン音と鋭いダッシュ力は、アメリカ車の特徴のひとつであり、なくてはならない要素だった。

1951年型リンカーンのV8
エンジン付きシャシー。こ
の時代のアメリカ車はフ
レームの上に車体を載せる
のが普通だった。

　ヨーロッパ車は、操安性やロードホールディングの良さな
ど、ドライブする楽しみを追求する方向であるが、アメリカの
主流はもっと大味なもので、生理的な感覚を激しく刺激するも
のが求められた。多分にアメリカの風土によるものだろうが、
厳しい自然を征服しなくては生きていけない環境の中では、何
よりも力強さ（マッチョ）が求められたから、それをクルマで
表現するのに、ロケットスタートはかっこうのものだったのだ
ろう。

## ◇AT車の普及とイージードライブ化の進展

　繊細さやドライビングテクニックは二の次となり、イージー
ドライブが求められたのも、こうした生理的欲求と無縁ではな
いだろう。

　ドライバーの運転操作をできるだけ簡単にすることも、GM
が早くから掲げた技術的目標だった。かつてはエンジンをかけ
るにはコツと力を要するクランク棒を回さなくてはならず、ギ

左はクライスラーのオート
マティック用フルードカッ
プリングで、フルードマ
ティックと呼ばれた。右は
オールズモビル用でハイド
ロマティックドライブとい
われた。

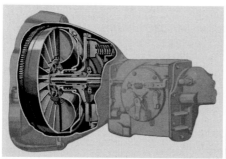

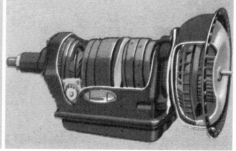

アチェンジするにもエンジン回転を合わせないとギアがつながらないために、クラッチ操作が複雑になった。そのため、あるレベルのスキルがないと運転できなかった。それでは、ポピュラーな存在とはなり得なかった。

　最初にエンジン始動にセルモーターを採用したのもGMであり、エンジンをかけるのに技術やコツを不要にしたのは画期的であり、これがイージードライブの始まりといっていい。

　ギアチェンジするのにクラッチとシフトレバー操作を追放することに最も熱心なのもGMだった。1928年にキャデラックに最初にシンクロメッシュを採用、1930年代に入るとすべての車種が採り入れ、ドライブが楽になった。続いてクラッチペダルを不要にしたハイドラマティックフルオートマティック変速機を開発、1940年に採用され始めたが、この技術は戦時中の戦車の技術開発でも進められて、完成度を高めた。移動することより敵と戦うことを主目的とする戦車は、運転操作に関わる手間を最小限にすることが重要であり、そのための技術開発に力が注がれた。こうした技術は戦後の乗用車に生かされた。

　1948年には油圧式の自動変速機が実用化され、ビュイックに最初に装備され、たちまちのうちに乗用車の各車

1956年型クライスラー系車に登場した押しボタン式AT用シフト。右は1956年型ダッジ、左は1959年型プリムスで、いずれもダッシュボードの左側にある。

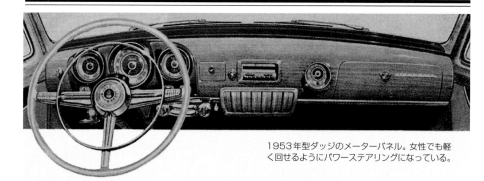

1953年型ダッジのメーターパネル。女性でも軽く回せるようにパワーステアリングになっている。

に装備された。

　わずらわしいシフト操作をしなくても走ることができる自動変速機に対する反響はすごかった。自動車がなくては生活できない地域の人たちは、老人でも女性でも運転する必要に迫られるから、イージードライブ化の推進は常に求められていたのである。競争相手のメーカーも、これを装備しなくてはクルマが売れなくなる状況で、GMでは時間的なずれがあったが、他のメーカーにこの技術を販売することで、アメリカ車全体でオートマティック車の比率が一挙に高まった。

　1951年になると、トルクコンバーターを使用した自動変速機が実用化し、その後の改良で使い良さと効率の点で向上が見られた。

　ハンドル操作を軽くするパワーステアリングも1950年代に大いに普及した。大きいクルマになるとステアリングを操作するのに相当の力が必要になるが、油圧を利用することで、ほとんど力を使わずに操舵ができるようになり、これもアメリカ車の大きな特徴だった。日本でパワーステアリングが普及していない時代にパワー

1954年型ポンティアックの室内。シートもドライビングのためというより快適さを優先していた。

1955年型マーキュリーのパワーステアリング。小指一本でもまわせるほどの軽さだった。

ステアリングを装備したアメリカ車に乗ると、小指一本で難なくハンドルが回せることに驚き、同時にこんなに頼りなくていいのかと心許ない思いをした人は多いはずだ。

　ブレーキ操作も同様にパワー装置が取り付けられて、思い切り踏み込まなくてもブレーキが効くようになった。

　こうした機構が装備されることで、大型車でも女性が難なく運転できるようになり、その普及を一層促進させたのだった。こうしたイージードライブ化は、戦後、女性の社会進出が盛んになったことと無縁ではないだろう。戦争中に、労働力として女性が工場で働くようになったことが、こうした傾向を強め、クルマもそれに合わせて進化していったのである。

### ◇日本と異なるアメリカ車のエンジン進化

　1950年代の終盤になると、シリンダーヘッドとブロックにアルミ合金を使用するエンジンが現れた。重い鋳鉄製から軽量化と放熱性にすぐれたアルミエンジンに代わる動きが進展するように思われた。しかし、鋳造技術が進んで鋳鉄を使用してもある程度軽量化が可能となり、アルミエンジンは当初予想したほど普及しなかった。

　日本では、小型車が2000ccまでの排気量となっていたために、これがひとつの壁となり、小さいエンジンが普及した。したがってエンジン性能を向上させるには、リッター当たりの出力を上げることが求められたために、吸排気効率をはじめとし

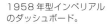
1958年型インペリアルのダッシュボード。

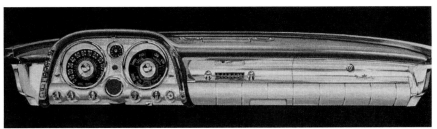

て、エンジン機構を進化させる方向へ進んだ。戦後すぐの段階ではトヨタも日産も乗用車用にもサイドバルブ型エンジンが使用されたが、1950年代に入ってからはOHV型を採用するようになった。アメリカ製エンジンがショートストロークになっていることを参考に、日本でも新開発エンジンはボアが大きくなる傾向となった。

　アメリカではエンジン性能を高めるためには、主として排気量の増大という方法がとられた。1950年代はあまり燃費の悪化に対する配慮はされなかったから、機構的な進化はどちらかといえばなかったが、小排気量で性能向上を図ろうとする日本では、1960年代になるとOHV型からOHC型へと進化した。この面ではアメリカを追い越したといえる。一方で、日本ではオートマティックトランスミッションやパワーステアリングの採用が遅れたのは、経済性を優先したことと、小さいサイズなのでその必要性が高くなかったからである。

# 5. カースタイリング部門とデザインの確立

GM の最高級車である1951年型キャデラックのラインアップ。オーバーハングはフロントが短く、リアが長くなっている。

### ◇ GM のアート＆カラーセクションの設立

　GMがアメリカの自動車メーカーのなかでトップに躍り出た背景には、クルマのスタイルを重視した政策をとり、それに成功したことが大きい。今日ではスタイリングの良しあし、あるいはその時代の好みにあったデザインにすることが、販売を伸ばすために重要なファクターであることは誰でも知っている。

101

1934年に登場したクライスラー・エアフローは、当時の最先端をいく流線型をしていたが、販売では成功しなかった。時代に先駆けてデザインするより、その時代のムードの中でユーザーに好まれるデザインの方が成功する確率が高いといえるようだ。

　自動車としての性能が低い段階では、技術的な熟成度や信頼性の確保が、販売を左右する決定的な要素となるが、全体的にある程度のレベルに達すれば、外観を始めとするクルマの“見てくれ”の良しあしが重要度を上げてくることになる。

　こうした技術的な転換点に立ったときに、タイミング良くクルマのデザインに力を入れたのがGMである。

　GMの社長となり、経営の実権をしっかりと把握したアルフレッド・スローンは1926年7月に、ビュイック事業部のゼネラルマネージャーに対して次のような書簡を送っている。「外観というものがクルマの売れ行きにどれほど大きな影響を及ぼすものかは改めていうまでもなく、誰でも気が付いていることだ。自動車というものがすべて機械的に相当の水準に達してしまった現在、それぞれの車の個性を最も強く現すのは外観であり、買い手の個人的な好みがものをいう製品であってみれば、その将来にかけての影響はきわめて大きい。我々は機械的な面で達成したのと同じような進化をクルマの外観に関して成し遂げているだろうか」。

　スローンの優れている点は、各部門のマネージャーにスタイルの重要度を認識させて手を打つように勧告する程度に終わらせないことである。

　スローンは、間髪を入れずキャデラック部門の顧問としてデザインを担当していたハーリー・アールを長とするアート＆カラー・セクションをGMのスタッフ機関として新しく設立した。

これにより、各事業部で個別に実施されていたクルマのデザインをGM全体で方向性を打ち出し、その影響下に置くことにしたのである。ボディ関係のエンジニアが主導権をもっていたやり方を改め、デザイン部門を独立させて権限を持たせるようにした。

このやり方は、各事業部からの反発やとまどいが出るおそれがあったので、スローンは、統率者としてのハーリー・アールに対して特別の支持が必要と考え、大きな権限を与えるだけでなく、ことあるごとに彼を支持することを表明し続けた。

ハーリー・アールは、GMのデザイン部門を確固としたものにしただけでなく、アメリカにおけるクルマのデザイン手法を確立した人物として知られており、GMのデザイン担当の副社長になっている。販売実績の伸びという、文句をいう余地のない仕事ぶりを見せることにより、ハーリー・アールに対するスローンの庇護の必要性が従来より小さくなっていった。それでも、スローンとアールの結びつきの強さは、GM内では誰でも知っていることで、アールのカリスマ性も時間の経過とともに高められていった。

ところで、ハーリー・アールというのはどんな人物なのだろうか。もともとはハリウッドの近くでカスタムボディの架装をする仕事をしており、その関係でGMのキャデラック部門にスカウトされて、デトロイトにやってきたのである。父親は馬車のボディをつくる会社であるアール自動車工作所のオーナーであったが、GMのディストリビューターに吸収され、ハーリー

1934年型キャデラック。ストリームラインのクルマとしてデザイン上の変革をもたらしたものであり、スペアタイヤをボディのなかに収納したのも、このクルマが最初だった。ボディ形状としては前ページのエアフローより保守的である。

はここで働いていた。ハリウッドでは大物俳優などが高級なクルマに自分だけの特別なボディを架装することが流行っており、その仕事で非凡さを発揮して評判になっていた。

　当時は、ステイタスを誇る超高級車は、エンジン付きのシャシーとして販売され、それにたっぷりとお金を注ぎ込んで好みのボディが架装されていた。外観から内装までカスタムメイドであることが、超高級車の証だった。

　カスタムボディの架装で手腕を発揮していたハーリー・アールが、デトロイトに来るきっかけは、キャデラック部門のゼネラルマネージャーがスチュードベーカーやリンカーンに対抗して、高級車としてのキャデラックの牙城がこれ以上浸食されないように、独自のスタイルのクルマにしようとしたことである。ロサンゼルスにあるディストリビューターを訪問した際にハーリー・アールの存在を知り、GMの最高級車としてのキャデラック部門のデザイン顧問としてスカウトしたのである。

　スローンが先に紹介したビュイックのマネージャーにスタイルの重要性を指摘する書簡を送ったときには、アールはキャデラック部門でスタイルを優先させた新しいクルマであるラ・サールを同部門のボディ技術者とともに製作していた。これが1927年3月に一般公開された。果たして、このラ・サールは評判が良く成功作となり、若いアールを新しいデザイン部門の

1927年にハーリー・アールがGMにきて最初にデザインしたキャデラックのラ・サール。

104

1946年型キャデラック。
戦後型として発売された
が、基本スタイルは1942
年型と同じである。

チーフに抜擢したのである。

1930年代になっても、フォードやスチュードベーカーなど
は、量産車のデザインを名のある車体メーカーに依託すること
に何の疑問も感じていなかった。一方で、ハーリー・アールの
指揮するGMのデザイン部門では、3〜4年でモデルチェンジ
することで、スタイルの新しさを強調した。大恐慌を境にして、
高級車にカスタムメイドされたボディを積む習慣も次第になく
なってきた。

1930年代の後半になると、オールスチールボディの採用によ
り、デザイン部門の重要性が増した。量産するためにはボディ
各部の分割された断面ごとにプレス型が必要になるが、その費
用は莫大なものになる。そこで、各事業部門のクルマのボディ
部品の共通化が図られた。共通部品を使用しながら、各車ごと
の差別化はデザインによって強調されることになった。各事業
部ごとにデザインを競作することになり、各デザインスタジオ
には、他の事業部の人たちが入り込めないように区別されるよ
うになった。

デザインの重要性が増すにつれて、全体を掌握するハー
リー・アールの権限は強められた。

新しい年度モデルの方向を決めるために、1ヵ月にわたって
豪華ヨットで社長のスローンと二人で大西洋を往復するなどし
て過ごすことが、彼の権威を不動のものにした。6フィート4
インチ（約193cm）という大柄なハーリーは、その大声ととも
に部下に恐れられる存在だった。

## ◇スタイリングデザインを最優先する時代に

　1945年に第二次世界大戦が終了し、いよいよ自動車の生産が
再開され、新しい需要が喚起されるに当たって、GMでは車両
開発に関して明快な方針を打ち出した。もちろん、社長のアル
フレッド・スローンの意志によるものである。

　それによると、将来の一定の期間におけるクルマの生産に関
する重要度は、①外観、②自動伝導装置、③高圧エンジン、と
いうものだった。この順序は、そのままそれぞれの優先順位を
も表しており、外観、つまりクルマのスタイルが最優先される
ことが宣言された。②自動伝導装置というのは、必ずしもオー
トマティックトランスミッションだけを指すのではなく、クル
マの運転が非力な女性でもイージーにできるような装置全般を
指していると考えるべきだろう。大量販売のためには、運転が
特別の技能を要するものでなくなる必要があったからである。
③高圧エンジンというのも、圧縮比の高いエンジンというよ
り、性能の良いエンジンという意味で、戦後の新型車には旧来
からのエンジンではなく、新型エンジンを搭載することでイ
メージアップを図ろうとしたものである。したがって、強力な
新型エンジンを搭載したボディは、それにふさわしい力強い外
観にする必要があった。

　このとき打ち出したGMの方針は、ことさらに新しいものと
いうより、フォードとの競争に打ち勝ったそれまでのGMのや
り方を、さらに徹底したものにする意味があった。GMは、基
本路線を維持し、それを徹底することで、他のメーカーとの競

2台のドリームカーであるファイヤーバードの間に立っているのがハーリー・アール。

1954年型キャデラックの発表会におけるハーリー・アール。こうしたイベントでは、デザイナーは主役でもあった。

争に打ち勝つつもりだった。豊かな時代の豊かさを求める消費者の欲望を考慮し、スタイルの重要性が強調され、独特のアメリカ車の時代を迎えることになるのである。

　この頃までに、ハーリー・アールはデザインに関するGMでの手法を確立させており、それがアメリカにおけるデザイン手法としてスタンダードになった。デザイン部が組織として機能し、各デザイナーの能力をフルに引き出すデザインプロセスがマニュアル化したのである。やがて日本でもこのデザインプロセスが採り入れられ、それが今日まで改良されながら続けられている。

　新しくつくられることになる車両のイメージを具体化するために、まずアイディアスケッチが描かれ、その中から選び出されたものを元にして4分の1か5分の1のモデルが工業用粘土で立体化される。それをさまざまな角度から検討し、改良を加えて方向を明確にし、フルサイズのモデルがつくられるという手順である。

　スケッチを描くことから、モデルの作成に指導的な役割を果たすデザイナー、さらに粘土モデルの作成や修正を担当するモデラーと呼ばれる職人的な仕事を担当する専門家、さらにはそれぞれに助手や各種のスタッフや事務職員などがおり、デザイ

Y-JOB

BISCAYNE

CLUB deMER

L'UNIVERSELLE

EL CAMINO

GOLDEN ROCKET

CENTURION

ン部門が組織化され、その統率者であるデザイン部長の地位も
次第に高くなっていった。

　GMでは、キャデラックをはじめ、オールズモビル、ビュイッ
ク、ポンティアック、シボレー部門があり、それぞれにセダン、
ハードトップ、ステーションワゴン、コンバーチブルという定
番車種をもち、さらにグレードによる違いがあって、それぞれ
のバージョンは膨大になる。毎年、車両のサイズや仕様を決定

1956年のモトラマ
に登場したGMのエ
クスペリメンタル
カー。単なるショー
モデルではなく、近
い将来に採用される
ものとしてデザイン
されていた。

し、技術的な新しい装置の導入とともに、内外装をどのように変えるかが検討される。実際のトップによる意志決定の場には、新型候補として異なる複数のモデルが用意され検討される。エクステリアモデルだけでなく、インテリアのモックアップもつくられ、さらにカラーデザインの検討のためのモデルも用意される。

こうして用意されるモデルの陰で、いくつもの陽の目を見なかったモデルがあり、これらの作業に費やされる人員と時間、そして費用は"バカにできない"ものになるのは容易に想像できる。1950年代のGMでは、デザイン部門の人員は1000人を超えており、フォードでも650人に達していた。

ライバル車よりユーザーに支持されるスタイルにするために、大変なエネルギーが使われる。まだ見ぬ他メーカーのニューモデルをうち負かすだけのインパクトのあるスタイルにすることに精力がそそがれることになり、勢い派手に豪華に、そして目立つものになっていく。

テールフィンをつけたアメリカ車が、次第にそれを大きく派手にしていったのも、こうした背景があったからでもある。

GMのデザイン手法がスタンダードとなったのは、アメリカ流の企業人の流動性により、GMのデザイン部門で働いた経験

1956年にGMでつくられたアメリカの高速鉄道用の列車。空気抵抗などに対する配慮というより、スタイリングを優先させたデザインになっている。

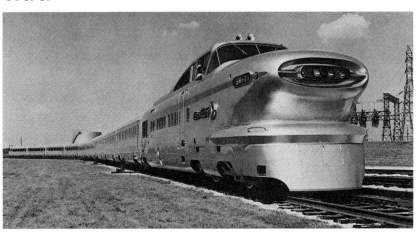

を持つデザイナーが、フォードやクライスラーに入社して、そのシステムの導入を図ったせいでもある。独裁制を強めたハーリー・アールは、自分を批判することを許さず、傲慢に見えるところもあったようで、必ずしもデザイナーとしての力を発揮することができるところとは思わなかった優秀な人たちがいたようだ。

◇**フォードのデザイン部門の変遷**

　ここで、フォードのデザイン部門の流れをおおまかに見てみよう。

　フォードの創設者で半世紀近くにわたってフォードに君臨したヘンリー・フォードは、クルマのデザインに関してはまったくといっていいほど興味を示さなかった。フォードの首脳陣のなかで、デザインに関心を示したのはその息子であるエドセル・フォードだった。絵画の収集が趣味でもあったエドセルは、父親とは異なり、クルマのスタイリングをよくすることに情熱をもっていた。

　1932年にエドセルによってフォードのデザインをするために雇われたのが、船舶の設計技師出身のウィリアム・グレゴリーだった。社長のヘンリー・フォードの無関心のもとにフォード車のデザインは、1932年からグレゴリーが辞める1945年まで

1946年型マーキュリー。このモデルのデザインはグレゴリーが手がけたもので、それを戦後型として世に送り出した。

110

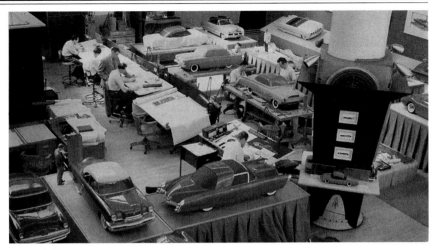

1950年代のフォードのデザインスタジオの風景。ものものしく縮小サイズのクレイモデルがあちこちに並んでいる。

はエドセルと二人が決定権を持っていた。このころのフォードのデザインがGMと異なるのは、デザイン部門が組織的なものにはならず、少ないスタッフで決められたことだ。ハーリー・アールの確立したデザイン手法を採用するわけではなく、従来通り車両開発の過程でアイディアを図面で表現する方法を採り、全体から細部にわたるデザインは、エドセルとグレゴリーの話し合いで方向が見いだされたのである。

　このやり方は、GMの組織管理方式とは異なる、フォードの管理組織体制をつくらない、ヘンリー・フォードの確立した家族的な経営方式に則ったものということができた。

　グレゴリーによるスタイリングに関する仕事は、彼のデザインのやり方とその手腕を支持するエドセル・フォードの個人的ともいえる関係の上に成り立っていた。お互いを理解し合うことで、システム的ではなく、あるべきクルマのスタイルを求めるフォード独自のデザインの仕方だった。

　1943年に最大の理解者であるエドセルを病気で失ったグレゴリーは、一時的にフォードを去ったが、半年ほどで復帰、1943年にデザインしたマーキュリーは戦後のフォードの新しいスタイルとして評価された。しかし、戦後の新しい時代のフォードのデザインは、新しくトップとなったフォード二世が、GMの

111

デザインシステムを採用する道を選び、グレゴリーは引退することになった。フォードのデザイン担当副社長として実権を握るのは、スケッチ画家の経験を持ち、チェロキー族インディアンの血を一部もつ、フリーランスのデザイナーだったジョージ・ウォーカーである。

　戦後のフォードの画期的なスタイルのクルマとして登場した1949年型フォードは彼のオリジナルデザインではなかった。スチュードベーカーのデザインは1930年代からスタイルのコンサルティング会社であったローウィ・アソシエーツという外部の組織にゆだねられていた。工業デザイナーとして知られるレイモンド・ローウィの統率する企業で、独立メーカーとしての独自性を発揮することが期待されていた。ここにいたスタッフがフォードのためにデザインしたのが、フォードのニューモデルだった。

　このクルマの評価のためにウォーカーが正式にフォードに雇われることになった。本来ならスチュードベーカーとして世に出る予定だったモデルは、ウォーカーによって手直しされ、新しい時代を告げるスタイルのクルマとして歴史に残るものになった。

　この成功により、フォードのデザインを任せられたウォーカーは、その後、サンダーバードの成功などにより、フォード内での確固とした地位を築いた。フォード最初のデザイン担当の副社長に就任、**GM**のハーリー・アールのように権力を振

1955年に発売されたフォードのサンダーバード。ジョージ・ウォーカーのデザインで成功した。

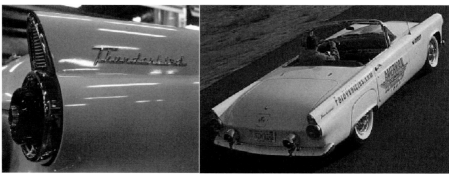

1956年型の発表会場における
ジョージ・ウォーカー（中央）。

1956年型プリムス・フュー
リーのそばに立つのが、クラ
イスラーのデザイン部長の
ヴァージル・エクスナー。

るった。しかし、どちらかといえば、組織的にスタイルを決め
ていくやり方で、アールほど独裁的ではなかったようだ。

### ◇クライスラーのデザイン部門の流れ

　ビッグスリーのうちでGM式デザイン手法を採用するのに遅
れたクライスラーも、1952年に組織的な変更を実施した。その
統率者として選ばれたのは、かつてレイモンド・ローウィの元
で戦後のスチュードベーカーのデザインをした経験
をもつヴァージル・エクスナーだった。

　戦後のクライスラーでは、社長の意向で、「帽子を
かぶったまま乗れるクルマ」であることが前提と
なっていた。このため全高が低くなるGMやフォー
ドのトレンドに逆らうスタイルだったが、そんなこ
とをいっていられる状況ではなかった。

　それまでの遅れを挽回するかのように、クライス
ラーは1957年型モデルではすべてのシリーズで徹底

したインパクトのあるテールフィン・スタイルを採用して成功を収めた。テールフィンはアメリカ車の特徴になりつつあったものの、それまではやや控えめなところがあった。

並んでいるのは新型として登場したクライスラー社の1959年型モデル。

　クライスラーの成功は、それまでの歯止めがはずれたように、テールフィンはより派手になっていく。しかし、振り返ってみれば、派手な方向に進むことで、その反動も大きかった。スタイルのためのスタイル、虚飾がいきすぎたという反省は、その後数年の間に見られるようになった。

※

　日本のメーカーが、アメリカ式のデザイン手法を導入するようになったのは、1950年代終わりのことである。そのきっかけとなったのは、通産省が日本の自動車産業の発展のためにデザインスクールの教授たちを呼び寄せたことだった。各メーカーのデザイン担当者が集められ、アメリカのデザインのやり方が披露された。それまでは、それぞれにスケッチを描いたり図面をもとにするなど、船舶のやり方をまねたものや、独自の方法でスタイルを決めていた。新型が次々に出るような状況でなく、デザイン関係の部署は、トヨタや日産でもまだ工芸係や意匠係という名称で、人数も10人足らずであった。

　デザイン手法だけでなく、スケッチを描く道具にしても、工業用の粘土にしても、日本では初めて接するものばかりで、デザインをするのに確立されたシステムがあることに驚きを禁じ得なかったようだ。トヨタでは、特別に講師たちをトヨタの本

社に招いて改めて講義と指導を受けた。

　これがきっかけとなり、トヨタや日産ではカリフォルニアにあるデザイナー養成所として知られるアートスクールセンターに何人かを派遣することになった。ここで1年ほど学んだデザイナーが、アメリカ式のデザイン手法を導入することで、日本でもデザインのやり方がシステム化し、デザイン部門が組織的に活動するようになったのである。

# 6. ドリームカーとスポーツカーの登場

◇**年々華やかになる新型モデルの発表会**

　新しいモデルとともに新しい年がやってくるといわれるように
なり、アメリカにおける新型モデルの発表会は、年中行事と
して一大イベントとなった。発表されるニューモデルがどのよ
うなスタイルで現れるかは、クルマのマニアの間だけでなく、
一般的な関心事として話題となった。

　消費は美徳、という神話が充分に生きていた時代だったか
ら、旧モデルがたちまちのうちに色あせて見えるようなニュー
モデルの登場のくり返しに疑問をさしはさむ声があっても、ほ
とんど無視された。

　豊富に用意されたバリエーションのなかから自分の好みに
あったものが選べるようになっていた。同じ車種のなかでも、
エンジンやボディスタイルもグレードの違いがあり、内外装の
カラーもいろいろあった。ボディカラーは1930年代にメタリッ
クが登場してから、ますますスタイリングの重要なファクター

1955年のGMの新型
車の発表会。ショー的要
素をふんだんに盛り込
んだ華やかなイベント
として開催された。

116

となり、やがてツートンカラーが当たり前になり、なかにはスリートーンのものも現れるようになる。

　クロームのモールが目立つようになり、ホイールキャップもさまざまなデザインのものがあり、アクセサリーやオプションパーツもたくさん用意された。白リボンタイヤといわれたサイドを白く塗られたソフトな感じのタイヤもこの時代のクルマのイメージを形成していた。

　ユーザーが選んだ仕様のさまざまなクルマが、管理された車体の組立ラインで流れるようになった。今日のようにコンピューターによる生産管理方式ではなかったものの、製造の各工程を管理するパンチカードシステムが完成して、異なる仕様の車体が同じベルトコンベア上で生産されるようになった。

　通常、新型モデルのデザイン開始から市販に至るまでは少なくても2年から3年近くかかる。

　したがって、新しい年度のモデルが発表されたときには、次の年のモデルのデザインが進んでいなくてはならない。気まぐれなところのあるユーザーの趣向や流行、世の中の流れや景気の動向など、将来の予測をつけることはきわめて困難であり、不確定要素があり、ユーザーに受け入れられるスタイルにすることは簡単ではない。もし失敗すればストレートに販売台数に跳ね返って、大幅な利益減となる可能性があり、常にリスキー

GMのドリームカーとして開発されたファイヤーバード。左からⅠ、Ⅱ、Ⅲ号車。いずれもガスタービンを動力としたもので、市販車というより高速走行を前提として開発されたもの。

な側面を持っている。

　それだけに、デザイン部門は重要視され、多額の開発費を使っている。新型のデザインは、各メーカーにとっては最高機密のひとつであり、情報が漏れないように細心の注意が払われている。

　デザインスタジオは、さながらスパイの侵入を防ぐ要塞のようになっている。各スタジオの鍵は必要がある場合はいつでも、ごくわずかな時間のうちにすべて交換できる体制になっており、FBIや名のある探偵社にいた経験を持つ警備員が監視していて、従業員といえども、許された人以外は入ることも近づくこともできなかった。

　まわりをうろついていれば直ちに審問される。スタジオのある建物は、不審な人物が近づかないように望遠鏡で常時監視されており、不要になったスケッチは焼却され、クレイモデルもすべて破壊される。デザイナーや関連の従業員も、秘密を漏らさないように警告され、場所を問わず発言に注意するように言われ、未来のことについては軽々しく口にしないように注意されている。

　ニューモデルがベールを脱ぐのは、それだけにお祭り騒ぎとなる。メーカーやディーラーとしても派手に発表して注目を集めることが重要となる。それぞれに工夫を凝らして、マスコミなどで大きく取り上げられるように盛り上げる。クルマのデザインがきらびやかにクロームメッキで飾られるようになるのと

1956年型発表会に姿を見せたマーキュリー用ショーモデル。テールフィンの形状などは後の市販車に生かされている。

118

GMが毎年開催したモトラマ。新型車だけでなく、ドリームカーを登場させて、いっそう盛り上げる。こうした派手なイベントがアメリカの主要都市を巡回して開かれていた。

比例して、発表会は年々華やかになっていった。

## ◇ GMのモトラマとドリームカーの登場

　GMでは、1950年からはモトラマと称して、アメリカ全土の主要都市を巡回する華々しいニューモデルの展示会を開催するようになった。ニューモデルだけでなく、ドリームカーを展示することで、一層の盛り上がりを狙うようになった。ドリームカーというのは、夢のクルマというより、未来のあるべきクルマの姿を具体的な形として示す意味があった。文字通り、夢に終わるようなものから、数年先には市場に出てくる可能性のあるものまで、さまざまな試作車が展示され話題となった。

　ドリームカーは、各メーカーのデザイン部門のなかにあるアドバンスドデザイン担当部署によってデザインされた。未来の

クルマとして提示することによって、ユーザーの嗜好の方向性を掴もうとする意図がこめられていて、近い将来に市販するかどうかの判断をするために、展示を見た人たちの反応を調査する目的があった。クルマ全体のスタイルだけでなく、各部のパーツの採用にあたっても調査対象となった。

たとえば、1951年につくられたドリームカーであるGMのル・セーバーの場合、その独特なスタイルもさることながら、曲面ガラスを用いた視野の広いフロントスクリーンを採用していた。展示会やディーラーの発表会、ショーなどに展示し、具体的に反応を確かめた結果、このラップアラウンドスクリーンはきわめて好評であると、1954年型モデルから採用に踏み切ったのである。

こうした展示では、延べ数百万人の人たちが、実際に展示されたドリームカーを見るというから、製品企画を立てる上で、重要な判断材料のひとつになっていた。

したがって、アメリカのビッグスリーが展示用として発表したドリームカーは、将来に向けてのデザイン戦略としての意味を持つもので、真剣に取り組まれた。ドリームカーは明日の量産として、ユーザーを一定の方向に誘導していくためのデザインでもあった。

ドリームカーの中には、単にスタイルスタディのためのものではなく、内燃機関（レシプロエンジン）に代わる将来の動力

ラップアラウンドスクリーンを採用して登場したGMのル・セーバー。低い車体とテールフィンが未来的だった。下がリアビューで、ロケットのイメージを表現している。

機構を採用した場合のクルマも競って試作された。これには航空機の影響が大きかった。航空機は第二次大戦後、ジェットエンジンが主流となったことで、自動車も、レシプロエンジンは旧い機構となり、これに代わる先進的な動力装置が採用される可能性が大きいと思われたのである。

とくに有力視されたのがガスタービンであり、後に話題となっている燃料電池も、このころか

1954年に登場したファイヤーバードⅠは速度記録車といえるスタイル。走る航空機といったイメージである。

ら将来のエネルギー源として取り上げられていた。また、原子力になれば、もはや燃料補給の心配もなくなるとして話題となった。

　1951年パリモーターショーでGMが発表したル・セーバーはハーリー・アールの指導のもとで開発された。誰もがいつかは乗ってみたくなる、まさに夢のクルマであった。大きな丸いエアインテーク・アウトレット、テールフィンなど明らかにジェット戦闘機にモチーフを求め、イメージしてデザインされ

ファイヤーバードIIは、IよりクルマらしくなっているIIが、2軸のガスタービン車でノーズは大量の空気を採り入れるようになっており、リア中央に垂直尾翼を付けている。キャビンは航空機のキャノピーそのままである。

ファイヤーバードIIIは、左右別々のキャノピーになっており、何枚もある尾翼のようなフィンとともにジェット戦闘機を想わせる。

1959年に登場したキャデラックのドリームカーのサイクロン。

ていた。ジェット戦闘機に似せたからといって空力がよくなるはずもなかったが、そうした実用性よりもイメージが重要視されたのである。

1954年から1958年にかけて、ⅠからⅢまで登場したのがガスタービン車のファイヤーバードである。これは、スタイルだけでなく技術的先行開発車である。高速走行を中心にしたイメージでかためられたが、ファイヤーバードⅢでは透明なバブル・キャノピー、鋭く薄い何枚もの翼を持ち、ほとんどジェット戦闘機に近いスタイルをして、超高速走行ができそうなイメージを与える。この魅力的な形を見たら、もはや真剣に空気力学を議論する気にもならないほどである。

1959年キャデラック・サイクロンはミサイルを二本並べたスタイルだった。テールランプはジェットエンジンの排気孔そのものだ。そんな大きな排気孔は必要ないが、これらのイメージは皮肉にもフォードの量産車に反映された。

◇バラエティーに富むフォードのドリームカー

フォードも熱心にドリームカーを開発した。1954年度モデルの発表会に登場したフォード・ミスティアはフロントピラーとセンターピラーをなくしたキャノピースタイルのスクリーン

123

と、ダイナミックなテールフィンをもった試作車である。この
イメージのテールフィンは1957年モデルに採用されているし、
サイドのツートンカラーの谷間をもつ見切り線は1955年型
フォードに採用されている。

　1954年に発表されたエクスペリメンタルカーのFXアトモス
は、さらに徹底させてリアピラーもなくして完全なキャノピー
型にしており、左右のライトからテールまでのフェンダーライ
ンを強調し、テールフィンはロケットのイメージである。

　フォードは車輪で走ることにこだわらず、1955年のフライン
グ・ヴォランテではダクテッド・ファンで飛行することを提案
した。形は洗練されており、モティーフは後にサンダーバード
などの量産車に取り入れられた。

　1950年代のアメリカでは、ガソリンがミネラルウォーターよ
りはるかに安かった。ガスタービンや燃料電池を動力とするこ
とが将来に期待されたが、さらにその先には原子力エンジンで

上は1954年に登場し
たフォード・ミスティ
ア。デザインの先行開発
車で、カラーリングなど
は、この年のモデルと同
じだった。下の1954年
に発表されたフォード
FXアトモスではキャノ
ピースタイルをさらに徹
底させ、フロントフェン
ダーからテールフィンま
ではロケットのイメージ
にしている。

走る時代がくることを多くの人が夢見ていた。多くの科学者が大きく重い原子炉は車に搭載することが不可能であるとコメントしていたにもかかわらず、核エネルギーの可能性に対して楽天的な期待がどんどん膨らんでいった。1957年ペンシルベニア州シッピングポートでアメリカ最初の核燃料発電所が歓声と期待に包まれてオープンした。一握りのウラニウムで数年間発電でき、電気代は極めて安くできると考えられた。核エネルギーの人体に与える影響について良く知られていなかったり、あるいは意図的に無視された。

　1955年フォードは核エネルギーで走るニュークリオンを発表した。核反応炉は円盤状の容器に収められて車体後部に搭載された。ユーザーは当時のクルマがそうであったように何種類ものパワーパックから好きな強さの原子炉を選ぶことができたというから面白い。燃料は定期的に充填すればよかった。無尽蔵のエネルギーの前ではエネルギーを節約する考え方が育つはずがない。

　1950年代のアメリカ車はジェット戦闘機をイメージさせるテールフィンを持っていたが、決して空気抵抗を減らすことな

この2台は完全なドリームカーとして登場。上のフライング・ヴォランテは車輪をなくして空気を噴射させて飛行するもので、もはや自動車の範疇に入らないもの。下のニュークリオンはリアに核反応炉を搭載した原子力自動車。

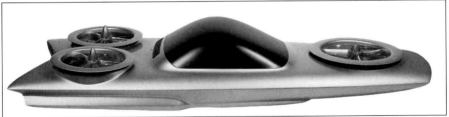

ど考えなかった理由がここにある。当時彼らは限りなく発展する未来を大まじめに信じていた。

エアクッションで浮上して走行することを考えたのが1959年発表のレヴァカー・マッハ1である。このロケットのようなモティーフは後にサンダーバードやその他の量産車に採り入れられた。

永い研究の末に発表されたのが1961年のジャイロンである。大きなジャイロス

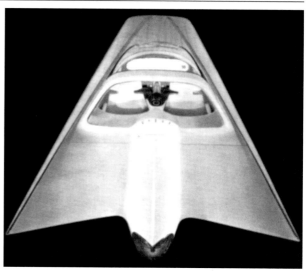

フォード・ジャイロンは2本のメインホイールを持ち、26インチのジャイロスコープで走行する。写真はリアビュー。

コープで自立でき、前後に並んだ二つの車輪で走行する。低速時には補助輪が自動的に出て支える。形はもはや飛行機を通り越してSF的ですらある。

フォードのアドバンスド・スタジオの作品である1962年シャトルーライトは、前輪が4個ある大きなボディに極端に小さなキャビンがあって、当時のデザインの理想形を示している。このクルマも核エネルギーで走行するという。

## ◇クライスラーのエクスペリメンタルカー

戦後すぐから1950年代前半にかけてのクライスラーは、GMやフォードと同じ路線のスタイルではなかった。見た目の豪華さを強調して、他車との差別化を図る方向をとらなかった。それが1950年代前半のクライスラーのエクスペリメンタルカーに反映されていた。

1950年と1953年モーターショーに登場した試作車はギア社がデザインしたヨーロッパ調のスタイルをしていた。華美なデザインとは異なり、パッケージとしての合理性、全体のバランスと美しさが追求された。1953年のファストバッククーペのテールライトは、1955年インペリアルに採用された。

1950年のクライスラーの
試作車、プリムスXX-500。
ギア社のデザインでヨー
ロッパ調スタイルであった。

しかし、ヨーロッパ調のスタイルは販売成績には結びつかな
かった。クライスラーも、GMやフォードの前年モデルを陳腐
なものとして切り捨てるデザインに方向転換した。主潮流に逆
らうわけにはいかなくなったのである。

1957年に発表されたギア社によるデザインのクライスラー・
ダートは、ボンネットがフラットになったシンプルなデザイン
のすっきりしたスタイルで登場した。

独自性を出しているものの、アメリカ車らしいイメージもつ
け加えられた。しかし、フロントフェンダーの先端にヘッドラ
イトがある時代に、ライトはフロントグリルに納められて、先

1953年モーターショーに
出品されたクライスラー・デ
レガンス。イタリアのギア社
のデザインで、1950年代前
半はGMやフォードとは異
なる方向を示していたのが
わかる。

進的なスタイルだった。

1958年に発表されたヴァージル・エクスナーがデザインしたショーモデルは、風変わりなスタイルをしていた。キャノピー型のルーフは乗降のために引き上げられるよう

になっており、F1のリアウイングのような巨大なテールウイングが特徴である。中央のウイング部分は立てられて、エアブレーキの効果があるものになっている。一見、空力的にすぐれているようだが、前部に空力的付加物もなく、リアとのバランススは考えられていない。

クライスラー・ダートはデザイナーに刺激を与えたドリームカーで、このテールフィンは後にクライスラー車に生かされた。

1961年に登場したクライスラーのショーモデル、ターボフライト。キャノピーとリアウイングが特徴。

酸素・水素燃料電池で直接発電し4輪を個別にモーターで駆動する未来の技術をデザインしたのが1959年のデソート・セラである。これは自動操縦が可能で乗員は安全のため後ろを向いて座り、アルコールを楽し

発電装置を持つ電気自動車として登場したクライスラーのデソート・セラは、テールフィンの代わりに左右に垂直尾翼を持っている。クルマと一緒にいるのがクライスラーのデザイン部長のエクスナー。

むことができる。自在に動かすことのできる TV モニターを持っているという。皮肉にも、このクルマの考え方がもっとも正確に未来を予測したと言える。ただ、形は魅力に乏しく古典的な流線型に唐突にテールフィンを生やしただけである。

　1963年のクライスラータービン車は、そのまま市販できるスタイルになっている。

　これはエクスナーに代わって、フォードからクライスラーのデザイン部門のチーフとなったエルウッド・エンゼルがデザインしたもので、クライスラーのデザインが再び大きく転換したことをも示している。

1963年に登場したクライスラーのガスタービン車。当時は比較的早くガスタービンが動力として実用化するという意見があり、クライスラーはもっとも熱心だった。

## ◇GMのスポーツカー、コルベットの登場

　アメリカ車ではダッシュ力の良さが求められたが、かといっ
て硬派のスポーツカーを求めるユーザーは多くなかった。ゆっ
たりとドライブできるのがアメリカ車の特徴で、走る楽しみを
求める層は、ヨーロッパのスポーツカーを購入すればすむか
ら、ビッグスリーはスポーツカーの開発には熱心でなかった。
それでも、1950年の半ば近くになって、GMからはシボレーブ
ランドのコルベットが、フォードからはサンダーバードが登場
した。

　グラスファイバーボディのホイールベースが102インチ
（2591mm）という小型ロードスター・コルベットプロトタイプ
が、1953年1月のGMモトラマに姿を見せた。

　チューニングされた直列6気筒3850ccエンジンがノーマルの

グラスファイバー製のボ
ディの2シータースポーツ
カーとして登場したシボ
レー・コルベット。

130

1956年にビッグマイナーチェンジされたコルベット。スタイルは精悍さを増し、搭載されるV8エンジンのパワーは210馬力に引き上げられた。

115馬力から150馬力にアップされて搭載、シボレーのフレームも短くされ、ドライバーシートは長いボンネットによりホイールベースのかなり後方寄りに位置している。背が低くコンパクトなスタイルで、軽量なFRPボディとなっているから、スポーツカーとしてのイメージが強かった。

しかし、変速機は2速オートマティックが装備されており、純粋なスポーツカーを求める層からは中途半端なものと見られた。一方で、これまでのコンバーチブル車よりはシンプルなつくりになっていて、アメリカ車特有の細部まで配慮された贅沢さに欠けていた。最初は限定販売されたが、その後生産台数を増やしても販売はあまり伸びなかった。車両価格がシボレー車の倍近い3440ドルもしたこともその原因だったろう。

GMのなかでも量産車種であるシボレー部門では、それまでドリームカーの展示に熱心でなかったから、1954年1月のGMモトラマにコルベットにデタッチャブルハードトップをつけたコンバーティブルクーペとコルベアというファーストバッククーペ、さらにノマドというステーションワゴンが市販車以外に登場して話題となった。エンジンを搭載していつでも走れる

131

状態にまで仕上げられたショーモデルだった。

　このうちデタッチャブルハードトップは1956年型にオプショ
ン設定され、1955年型フルサイズシボレーにノマドの名前でス
テーションワゴンが誕生している。

　1956年には、パワフルなV8エンジンが搭載され（1955年に
は195馬力V8がオプション設定されていた）、ミッションも3
速マニュアルとなり、アメリカを代表するスポーツカーに変身した。

　搭載されるV8エンジンは210馬力で、その後、1962年には
排気量の増大で250～360馬力になった。1957年からはキャブ
レターを標準とし、燃料噴射装置や4速ミッションをオプショ

ン採用、サスペンションも強化された。

1963年型はフルモデルチェンジしてコルベット・スティング レイとなった。ボディスタイルが一新され、精悍でインパクト のある、前面投影面積の小さいスポーツカーのイメージを強調 するデザインで登場した。このころになると、1950年代のアメ リカ車やドリームカーのスタイリングとは異質な造形となり、 マッス（塊）としてのデザインが心がけられ、新しい方向に進 んでいる。コルベットには、最新の技術や材料が率先して採用 され、市販車による実験的な側面を持っており、量産車とは異 なるクルマであり続けた。

### ◇フォード・サンダーバードの登場

フォードが、同じようにスポーツカーを新しく出したのは 1954年のことである。コルベット同様にまずショーカーとして 姿を見せ、その半年後には市販されている。2人乗りのオープ ンタイプのサンダーバードである。

このクルマの登場するきっかけは、1953年のパリモーター

1955年型として登場し たフォードのサンダー バード。フォードの最初 のスポーツタイプ車。

1956年型サンダーバード。基本ボディなどは前年モデルと変わりなく、トランク容量不足を指摘されスペアタイヤを外に出して、コンチネンタルマウントとした。

ショーの会場でフォード二世が、ジャガーやフェラーリなどのスポーツカーを見て、うちでもこんなクルマをつくれないものかね、といったことだといわれている。

一緒にショーを見ていたデザイン部長のジョージ・ウォーカーは、パリからデトロイトに電話で連絡し、すぐにデザインを煮詰めるように命じた。スポーツカーをつくりたいという気

1957年型のサンダーバード。リアオーバーハングを伸ばしてトランク容積を拡大し、スペアタイヤをトランク内に収めた。エンジンパワーも向上した。

1959年型サンダーバード・ハードトップ。スポーツカーというよりフォードのスポーティバージョンのようになっている。1958年型から4シーターに変更された。

持ちを持ったデザイナーは多くいて、そのためのスタディが行われており、すでにいくつかのクレイモデルがつくられていた。これらをもとにウォーカーが指示を与えた。フォード二世とウォーカーがデトロイトに着いたときには、フォードの新しいスポーツカーのクレイモデルが二人を迎えたという。

デザインの狙いは、フォード特有のきれいな直線を持たせた上に、小さく見えないコンパクトなスポーティカーにすることだった。ホイールベースはコルベットと同じ102インチであるが、リアのオーバーハングが長く、全長は457mm大きく、車両重量も330キロ重かった。ボディも普通のスチール製であり、アメリカ車らしいスポーティカーだった。

最初からV8エンジンを搭載し、車両価格も3000ドルを切っており、コルベットと比較するとかなりお買い得の印象があった。このため、コルベットとは比較にならないほどの売れ行き

1962年型サンダーバード・スポーツロードスター。スタイルはマイルドなアメリカ車のイメージである。

を示した。

　しかし、それでもフォードの首脳陣が予想するよりも販売台数は多くなかった。そこで、4人乗り仕様が登場して選択の幅が広げられた。V8エンジンはパワーアップされたものの、スポーツカーらしさは次第に姿を消していった。ホイールベースと全長が長くなり、スタイルも他のフォード車と似たイメージになった。マニアにとっては不満のある行き方だったにしても、販売成績としては成功だった。

　このあたりは、同じスポーツタイプ車をつくるにしても、GMとフォードの考え方の違いだった。コルベットでは必ずしも採算をとらなくても良いという発想でGMは開発しているのに対して、フォードではサンダーバードでも他のクルマ同様にしっかりと利益を上げることが求められていたのである。

　単にメーカーの姿勢の違いだけでなく、アメリカではスポーツカーという概念もあいまいなところがある。

　サンダーバードの場合は、最初からスポーツカーというより2人乗りパーソナルカーともいうべき新しいカテゴリーのクルマとして登場した。スポーティさを加味することで他車との差別化を図ったもので、ヨーロッパのスポーツカーとは異なる性格をもっていた。したがって、販売を伸ばそうとしてバリエーションを増やし、モデルチェンジがくり返されるたびにスポーツカーからは遠ざかっていったのである。

# 7. アメリカ車のスタイルの変遷

1958年型GMのニューモデルの勢揃い。この年はGMの50周年に当たり、2時間のテレビショーを開催したときのもの。シボレー、オールズモビル、ビュイック、キャデラック、ポンティアックが並ぶ。

### ◇スタイルの方向を主導したGM

　機能的な側面よりファッション的な要素を優先してデザインした1950年代を中心とするアメリカ車は、間違った方向に行ったとして多分に批判的な評価をされている。ガソリンの価格がきわめて安いこともあって、車両重量が大きく重くなっても、贅沢な装備やスタイルの良さが優先され、燃費の悪化はほとんど省みられなかった。ユーザーをメーカーのイメージする方向に誘導し、それにより販売台数が伸びることがデザインの方向を決めた時代であり、クルマとしてのあり方や合理性の追求などはあまり考慮されなかった。

クルマは、幅広く、低く、そして長く、という見栄えを基調としてテールフィンに象徴される巨大化したアメリカ車が、自動車業界を席巻していった。

アメリカがヨーロッパや日本とは違って、一人勝ちのように豊かになったことが、こうした

1946年型シボレー。1942年型を手直しして戦後に発売された。

方向に誘導された原因の一つであるが、巨大化したGMが自動車の流れを決めたことも重要な要因である。

ひとつのメーカーがその業界で独占的なシェアを占めて競争状態ではなくなると、アメリカでは独占禁止法に触れるとして、分割するなり規模を縮小するなどの法的手段がとられる可能性がある。フォードが1930年代から40年代にかけて経営的に失敗をくり返すなかで、GMは2位以下のメーカーとの格差を決定的にした。戦後のスタート時点でも、シェアは40パーセントを超えており、フォードとクライスラーが束になってようやく対抗できるという状態だった。

そのため、GMはむしろフォードなどがある程度シェアを確保してくれた方が望ましいと、敵に塩を送らなくてはならないほどだった。GMは鷹揚なところを見せて、どのメーカーもほしがっているオートマティックトランスミッションに関する技術を提供している。

1947年型フォード。これはドアなどのサイドボディがウッドパターンのコンバーチブル。1948年型もあまり変化はなく1949年型モデルで大幅に進化した。

戦時中から戦後にかけてのアメリカの政権は、ルーズベルトからトルーマンに引き継がれたが、1952年の大統領選挙では共和党のアイゼンハウアーが勝利して政権が交代した。労働者寄りの民主党から大企業の意思を尊

重する傾向のある共和党政権になったことにより、GMはシェアを拡大しても独占禁止法が簡単に発動されないという感触を得ることができたようであった。

シェアで優位を確保したメーカーの動きが自然にその業界の方向を決めることになりがちである。

2位以下のメーカーは、トップメーカーの示す方向と異なる行き方をしたのでは傍流に置かれ取り残される可能性が強い。トップとの差を小さくすることは至難の業で、トップメーカーがよほど失敗を重ねない限り、逆転という事態はなかなか訪れないものといえる。

クルマのデザイン技法を確立させたGMのハーリー・アールは、ユーザーに支持されるスタイルにすることを信条にしており、クルマは豪華に大きく見えることが条件であると考え、これがGMのデザインの方向であり、それがアメリカ車の主流となる考えだった。

◇サイドボディのフラッシュ化

1948年にデビューした1949年型モデルのなかで、最も注目されたのはフォードとキャデラックである。ちなみに、これらのモデルが純粋の戦後派ということになる。

GMが戦前からフロントのサスペンションにコイルバネを使用した独立懸架式だったにもかかわらず、フォードはかたくなにリーフスプリングのリジット式を通していたが、1949年型フォードはフロントを独立懸架式にした。

それ以上に革新的だったのは、ボディサイドをフラッシュにしたスタイルだった。ボディサイドの前後のフェンダーの膨らみはスタイルの重要な決め手であったが、その膨らみがなくなり、前から後ろまでフラットな面で構成されていた。これにより、同じボディの全幅であれば、このほうが室内を大きくすることが可能

フラッシュサイドとなった1949年型フォードの側面図。前ページのフォードとのスタイルの違いは明瞭で、造形のターニングポイントとなった。

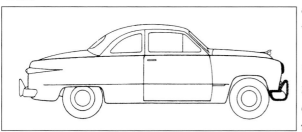

前後のフェンダーの膨らみを
なくして、戦後のスタイルの流
れをリードした1949年型
フォード。下は1950年型だ
が、フロントグリルを含めて前
年モデルとあまり変化してい
ない。

になり、塊りとしてもボディが大きく見えるよう
になった。

　ボディサイドのフラット化は、すでにカイザー
やナッシュなどでも現れており、フォードが最初
というわけではなかったが、ビッグスリーの量産
車種であることと、フラット化が徹底していたこ
と、それを室内の広さに生かしていたことなどで
注目された。クルマの正常進化の方向を示すもの

フォードの1949年型モデル
は販売も好調で、年間100万
台を突破した。このことがクラ
イスラーから全米2位の座を
取り戻すきっかけとなった。こ
れは生産100万台めを記念し
た写真。

1950年型リンカーンは、低く、幅広く、そして長くという方向を打ち出しており、モデルの男女も高級車にふさわしいファッションをしている。

で、フォードが先鞭を付けたフラッシュサイドのスタイルは、時代の流れとなり、遅かれ早かれ、多くのクルマが採用するものになったのである。

フェンダーの膨らみがなくなったことで、フロントグリルのデザインにも変化が現れた。グリルが左右に広がって横長になり、グリルのすぐ下にあるバンパーと一体でデザインされるようになった。衝突時のダメージを少なくし、ボディを護るためにバンパーは頑強になってきており、単に機能的なものとしてだけでなく、装飾的な意味合いを高めるようになった。

バンパーの形状とフロントグリルをバランス良く調和させることで、クルマの顔とも言うべき部分のデザインに工夫が凝らされた。グリルとバンパーを一体にした"バンパーグリル"としてデザインされたクルマが登場することになったのである。

左は1949年型クライスラーのデソート、右は同じくプリムス。戦前型の延長のスタイルをしている。

1952年型クライスラー・ニューヨーカー。この時点ではクライスラーのなかでは高級車だった。

1953年型プリムス。クライスラーは室内の広さと外観を小さく見せるデザインだった。

一方で、ユーザーの好みは保守的な側面があり、そうした人たちに支持されるには、フェンダーのイメージを残すことも有効な手段だった。室内を広くするのはフラッシュサイド化の必然的な方向であり、それを阻害しない範囲で、リアにわずかながら膨らみを持たせたデザインのクルマは、1950年代の前半まで見られた。

　サイドフラッシュボディが時代の流れになり、全高は低くなる方向にいく。戦前からエンジンの納まるボンネットの先端は盛り上がっていて、それが力強さと存在感を表しており、戦後もその傾向を踏襲し、フェンダーラインより中央部分のボンネットの先端がもっこりと盛り上がっていた。しかし、次第に車高が低くなる傾向を反映して、ボンネットもフロント部分が低くなるタイプになっていく。したがって、ボンネットの先端がどのくらい高いかが時代を見分けるひとつの目安になる。同

1949年型のオールズモビル・クーペ。テールフィンが付いたキャデラックとドア断面やキャビンは共通であり、デザインで差別化が図られた。

142

時にフェンダー先端にあったヘッドライトの位置も低くなっていく。そして、やがてヘッドライトはボディ全幅まで広がったフロントグリルのなかに埋め込まれるようになっていく。

### ◇テールフィンをもったキャデラックの登場

　1948年3月に登場した1948年型キャデラックは、控えめながらテールフィンをもったデザインで話題となった。GMも、この年に発表した1948年型キャデラックとオールズモビル98シリーズは戦後はじめてフルモデルチェンジされたが、最高級車種であるキャデラックとオールズモビルとは同じ新型であっても、かなり似た感じになっていた。それというのも、ドアと

最初にテールフィンを付けて登場した1948年型キャデラック。上は60スペシャル、下は2ドアファーストバッククラブクーペ。

キャビンが共通化されていた
ために、見た目の違いを鮮明
にする必要に迫られた。そこ
で、キャデラックではリア
フェンダーのテール部分を跳
ね上げて、フィンが付けられ
た。その後の目立つテール
フィンと比較すれば、わずか
な跳ね上げ程度であるが、オールズモビルと識別するには充分
なものだった。

　キャデラックにフィンが付けられたことが、キャデラックの
スタイル上の特徴として認識されるようになったことで、ユー
ザーの目はフィンに向けられるようになり、大きなアクセント
となった。GMやクライスラーのクルマは、フロントのフェン
ダーはフラッシュ化したが、リアは膨らみが小さくなったもの
の、この時代ではまだ旧タイプのフェンダーのかたちが存在を

1955年型クライスラー・インペリアル。このころからクライスラーもGMやフォードのデザイン路線と同じ方向に行くようになり、グリルで特徴を出しながらテールフィンも付けられた。

主張していた。

　その前年の1947年型キャデラックは、フロントグリルが印象の弱いものであるという反省があった。1949年型には新しいパワフルなV型8気筒エンジンが搭載されることになっており、スタイルとしてもその力強さを感じさせるものにする必要があり、フロントグリルがパンチの効いたデザインにされた。

　派手なフロントバンパーとグリルのきらびやかなデザインとのバランスを取る上で、テールフィンの存在はリア部分の装飾としては恰好のものだった。とくにリアフェンダー部分がフラッシュ化してからはなおさらである。GMの最高級車種で採用されたものがユーザーに認知されたとなれば、これを付けることが高級感を醸し出すうえで有効な手段となった。

1955年型ポンティアック・ハードトップ。テールフィンが存在を主張するようになり、この時代の典型的なスタイルである。

ピンとたったテールフィンは、いかにも速く走るのに効果のありそうなスタイルに見えた。その上、力強く存在感を主張するものとして受け入れられた。

　戦後は、航空機がレシプロエンジンからジェットエンジンに大きく転換し、スタイルがそれにつれて大きく変わっていった影響も見逃せない。

　ジェット航空機は、新時代のイメージの強い、先進的なスタイルの象徴となっていた。そのイメージをクルマに採り入れようとするのは、デザインを重視するアメリカ車では必然的なものに思えた。フロントグリルのデザインも、ジェット機のイメージのあるものにしようと苦心されたテールフィンの流行も、こうした傾向と深く結びついていた。

　ホイールベースが長いアメリカ車では、直進安定性のためにテールフィンを付ける必要などなかったものの、リアには、ブレーキライトの他に、ウインカーやバックギア用ライト、さらには車幅灯などのライト類が装備されるようになり、これらをコンビネーションしてまとめるためにも、テールフィンは利用された。鮮やかな色合いをしたきらめくリアのライトは、あた

1950年型のビュイックの4ドアセダンとコンバーチブル。上のロードマスターはボディサイドの前寄りに4つ、下のスーパーには3つの孔が付けられて、グレードの違いを現した。前歯をむき出しにしたようなこのバンパーグリルは〝ドルの笑い〟と表現された最初のもの。

1956年型シボレー4ドアハードトップ。前後のスクリーンはサイドに回り込んで視界をよくしている。センターピラーもなく、ガラス面積は大きい。リアオーバーハングが大きくなることに抵抗は少なかった。

かも宝石をちりばめたように見せようとするデザインになった。車高が低くなるにつれて、テールフィンは反比例して目立つようになっていった。

### ◇ハードトップの登場

1949年に出た新型車のなかで注目されるもう一台は、キャデラック、ビュイック、オールズモビルのハードトップである。戦前から4ドアセダンと2ドアセダン、それに屋根を取り払ったコンバーチブル、スタイリッシュなクーペというシリーズが、それぞれの車種に用意されていたが、クーペに似たスタイルのハードトップが量産されるようになったのは、このときからである。

もともとコンバーチブルには雨のときや風の巻き込みを嫌う人のために幌が用意されていた。これがキャンバストップとかソフトトップと呼ばれており、これに代わる、取り外し可能なFRPなどでできた硬いルーフがハードトップと呼ばれていた。このハードトップを固定して取り付けたスタイルとして登場したものである。

4ドアセダンが乗用車の主流であるが、遊び心のあるしゃれたスタイルのハードトップは、大いに受け入れられた。やがて4ドアのハードトップも現れるようになったが、センターピラーを取り除くことで、4ドアセダンと同等の乗降性を確保しながら、すっきりとスタイリッシュなクルマにすることが目指された。

ビュイックの特徴として上げられるのは、ボディサイドの前

147

方に目立つ印としての孔が付けられたことだ。特に機能的な意味があるわけではなく、他の車種との違いを見た目ですぐにわかるようにしたものである。一列に並んだ三つないし四つの縁取られた孔はサイドから見てよく目立って、これがビュイックと他の車種を見分けるのに役立った。スーパーには三つ、トップバージョンのロードマスターには四つの孔が付けられていたので、ロードマスターの売れ行きが増えたという。思わぬところで差別化が成功した例であろう。

　戦後、ヨーロッパではモノコックボディが普及したが、そのほうが軽量化しやすいことと小さい車体で室内を広くすることが可能だったためである。その点、1950年代のアメリカ車はバリエーションを増やし、大きく重くなることに抵抗がなかったから、フレーム付きからモノコック構造に転換することはほとんど考慮されなかった。しかし、クルマを低くする要求に応えるために、フレームを箱形（閉じ断面）にしてフロアが高くならないようにしていた。

　戦後型になってからのアメリカ車は、エンジンがフレームの前寄りの方向に搭載されるようになって、前後のシート位置はホイールベースの中間になり、乗り心地は著しく

上は、1954年に登場したショーカーのシボレー・ノマドワゴン。下はそれをベースにした1955年シボレーベルエア・ノマドワゴン。

148

同じく1955年型ポンティアックのステーションワゴン。デザイン上でもセダンやハードトップと同様にファッション性を重視している。

改良された。それまではフロントシートがボディの中央にあり、リアシートは後車軸上に位置して、ボディの振動が直接的に伝わりやすかった。

　室内を広くするためにもホイールベースが長くなり、それにつれて全長も拡大していった。ちなみに、1953年型車では平均的なホイールベースは120インチ（3048mm）、キャデラックやクライスラーなどの高級車は130インチ（3302mm）前後あり、全長も平均で210インチ（5334mm）、長いもので230インチ（5842mm）ほどであった。

### ◇ステーションワゴンの普及

　アメリカではステーションワゴンが早くから普及した。日本では、ワゴンは1970年代までは貨客兼用のバンと同列で乗用車感覚に乏しいものだったが、アメリカでは戦前から大きな荷物を運ぶことが可能なステーションワゴンがつくられ、車格としては4ドアセダンより上に位置づけられたといっていい。

1960年型クライスラーのダッジ・ステーションワゴンシリーズ。上はセンターピラーレスのハードトップワゴン。

　週末を牧場や農場で過ごすためには、生活用具や食料などを一緒に運ぶ必要があった。また、郊外での生活では、食料品を一

1958年のモーターショーの試作モデルとして登場したプリムス・キャバナワゴン。カロッツェリアのギア社によるデザイン。ドアは観音開きで、スライディングルーフになっている。

1959年型マーキュリー・ステーションワゴン。サイドのモールの間にあるパネルはワゴンらしさを強調するために木目調となっている。

週間分まとめて大量に購入し、巨大な冷蔵庫に収納することも珍しくなかった。ゆったりと快適に走ることと、大荷物を積むこととの両立が図られたワゴンは、セダンやコンバーチブル同様にスタイリッシュな外観をしていることが求められ、クロームメッキ、テールフィンで飾られた。

　一家に1台から2台と複数所有になり、ワゴンの需要は増大した。3列シートで乗員が多くなるのも有利だった。主婦がワゴンで、主人がコンパクトカーで通勤する光景が見られるようになった。

　セダンやハードトップでも同様に、トランクスペースが大きくなくてはならなかった。そのためリアトランク部分はなだらかに傾斜したタイプから、次第に長く突き出た形状になった。それにつれてリアのオーバーハングもどんどん大きくなり、テールフィンも目立つようになった。

## ◇ガラス面積の増大

　視界を良くすることは、快適性を向上させるためにも重要だった。そのためガラス面積が大きくなったが、低くなる全高のなかで視界を確保する方法が模索されると同時に、洗練されたスタイルにするためにも役立った。

　まず採用されたのがフロントスクリーンのRの大きい曲面ガラスであった。1950年代の前半までRの小さい曲面ガラスを用いており、そのためにスクリーンの中央に桟が設けられ2分割されたガラスがはめられたものが見られた。この桟を取り払ってすっきりとした一枚ガラスになった。フロントスクリーンにぴったりと合う曲面ガラスの採用は、たちまちのうちに普及したが、それでは物足りないと思ったデザイナーは、フロントピラーの傾斜をなくしてサイドまで回り込んだフロントガラスを採用するに至った。前方へ傾斜したフロントピラーは逆に後方に傾斜し、前方視界はほとんど妨げるものがなくなった。このフロントピラーが犬の足に似た形をしていることから"ドッグレッグ"と呼ばれた。

　このラップラウンドスクリーンは、フロントだけでなく、リアスクリーンにも採用するスタイルのものも出現した。1950年代後半にはこうしたスクリーンを採用したクルマが多くなり、それまで太かったリアピラーも細めになった。

　ガラス面積を増やすもう一つの方法として採用されたのが、ルーフ部分である。屋根付きでありながらコンバーチブルの開放感を味わう方法として考え出されたもので、最初に登場したのは1954年型のフォード・スカイライナー・ハードトップで、天井部分のパネルを広く切り取

1954年型マーキュリーに採用されたサンルーフ式のハードトップ。特殊加工の透明度の高い1/4インチ厚のプレキシガラスで開放感を高めている。

り、透明度の高いプレキシガラスをはめ込んだものである。しかし、アメリカでは広く普及せずマイナーなものだった。

### ◇1950年代後半の動き

　1955年は日本でもクラウンとダットサン110型が誕生した、自動車史にとって画期的な年だったが、アメリカでも生産台数が900万台を突破し、空前のブームとなった。このうち乗用車

上は1957年型クライスラー・インペリアル。ヘッドライトがフロントグリルに埋め込まれた。中央は1957年型クライスラー・ニューヨーカー・コンバーチブル。下は同じくデソート。いずれもテールフィンはぴんと張ったものになっている。

は800万台近く生産され、自動車業界は我が世の春といったところだった。しかし、一方で独立系メーカーは苦境に陥っていた。また、クライスラーもプリムスの不振などで経営は苦しくなっていた。プリムスはライバルであるシボレーやフォードに大きく差をつけられ、その上のクラスのデソートも不振だった。さすがのクライスラーも、室内は広く大きく、外観は小さく見えるようにする方針から大きく転換を図らざるを得なくなった。ライバル車種であるシボレーやフォードがデコレーションを凝らしているなかで、見た目の豪華さという点でもプリムスは差をつけられていた。

　GMの主導するスタイルの方向に転換を図ったクライスラーは、まき返しを図るためにインパクトのあるデザインのニュー

上は1957年型ダッジ。下は同じくクライスラーのプリムスクーペ。劣勢となったプリムスの販売を伸ばすために高級感を出そうと努力している。

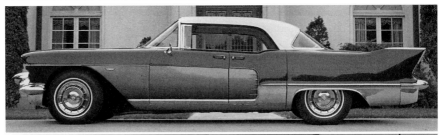

モデルを登場させてきた。1950年代の後半に入ると、クライス
ラーはGMやフォードの先をいこうとして、デザインがより派
手にきらびやかな方向を示した。普通なら一歩ずつ前進すると
ころをいっぺんに二歩進んで、挽回を図ろうとしたのである。

　1955年型からこうした傾向を見せ始めたクライスラーは1957
年型では、テールフィンが強調されたスタイルで登場してき
た。垂直尾翼のようなテールにいくにつれて高くなるフィン
は、充分に存在感のあるものになっていた。GMやフォードの
同年型よりインパクトの強いスタイルだった。

　果たして、これらのモデルは好評で、クライスラーは販売台
数を伸ばすことができた。空飛ぶスタイリングと評されたクラ
イスラー車のデザインは、ユーザーに好意的に迎えられた。
1956年のアメリカ車は、前年度の生産過剰もあって販売台数が
減り気味だったなかで、クライスラーはシェアを15.9パーセン
トから19.5パーセントに伸ばした。これに対して変化の乏し
かったスタイルのGMは、51.4パーセントから45.5パーセント
にシェアを落とした。

　1950年代後半になって、戦後から続いた好景気にかげりが見

上は1957年型キャデラッ
ク・エルドラド。GMの最
高級ラグジュアリーカー
として登場。下は1958
年型のオールズモビル4
ドアホリデイセダン。ク
ロームもここまできたか
という感じのデコレー
ション。

えるようになったのである。

このころになると、クロームに包まれた新型はきらびやかすぎるという批判の声が、以前にもまして大きくなっていたものの、この年の販売結果で見れば、従来通りの方向に進むことが正解であるように見えた。このため、1950年代の終わりにかけて、アメリカ車の特徴だったテールフィンは、さらに大きく派手になっていったのである。これとバランスするように、クロームメッキも派手になり、クロームの帯が前から後ろまで伸びていった。

### ◇フォードのニューモデルの出現とその失敗

フォードもGMとの格差を縮める方法を探っていた。最大の問題点は、中間車種としてはGMがオールズモビルとポンティアックとビュイックがあるのに対して、フォードはマーキュリーしかないことだった。

そのマーキュリーも戦後は上級車種のリンカーンに近い位置づけとなり高級化していた。リンカーン・マーキュリー事業部として、部品の共通化が進んでいた。そのため、フォードとマーキュリーの間があいた感じになっており、それを埋める車種の開発が課題になっていた。

そこで登場したのが1958年型の新シリーズのエドセルである。スタイルを決めるに当たっては、綿密な市場調査によりユーザーの好みを探り、同時にすべてのクルマとのスタイル上

1957年に登場した1958年型エドセル。フロントグリルが特徴。

155

の違いが鮮明であることがテーマだった。当初は、すべての部品を新設計する意気込みで開発が進んだが、生産コストがかかりすぎることがわかり、マーキュリーとフォードの部品を多く使用することになった。したがって、スタイル上の特徴を出すことの重要性がますます大きくなった。

エドセルで特徴的だったのはフロントグリルで、車幅いっぱいに広がった横長のグリルが一般的ななかで、縦長に目立つデザインをされたことだ。この時代のアメリカ車の常としてテールフィンをもちクロームで飾られていた。全体の基調は、フォードの水平線スタイルをしており、リアフェンダー部分はカモメの翼のようにデコレートされた。エドセルを見た口の悪い連中は、オールズモビルがレモンを飲み込んだような感じだと称したという。

エドセルという車名は、もちろんこの当時のフォード社長の父親であり、創立者の長男で2代目社長だったエドセルの

上は58年型エドセルの広告。下は59年型エドセルで、グリルはやや大人しくなっている。

The EDSEL LOOK is here to stay
—and 1959 cars will prove it!

Less than fifty dollars difference between Edsel and V-8's in the Low-Priced Three

EDSEL DIVISION · FORD MOTOR COMPANY

156

1960年型エドセル。フォードとの共通部品を増やしイメージを変えたが、販売はのびずに生産はうち切られることになった。

名を取ったものである。4ドアセダン、ハードトップ、コンバーチブル、ワゴンと4種を揃え、車両価格も注意深くフォードより高く、マーキュリーよりも安く、充分にライバル車に対抗できる設定だった。

しかし、蓋を開けてみると、鳴りもの入りで登場したエドセルの販売は予想以上に低調だった。販売店が、売れ行きが良くて利益幅の大きいマーキュリーに力を入れたことや、初期段階で品質に問題があったことも不振の原因に上げられているが、やはりスタイルが受け入れられなかったことが大きいであろう。いったんマイナスの評価が定着すると、そのグリルのデザインは奇をてらったものとして、さらにマイナス要素を増大させる働きをする。

翌年にスタイルを変更したものの、売れ行きは回復せずにエドセルは1959年に1960年型が発売されたものの、フォードとの共用部品が多く人気回復はできず生産は中止された。

フォードの最高級車として登場したリンカーン・コンチネンタル。

ついでながら、1950年代のフォードの新シリーズとしては、リンカーン・コンチネンタルマークⅡがある。1956年型として登場したこのクルマは、フォードの新しいブランドとして、それまでのリンカーンより高級な、時代を超越したクルマとして販売された。

フレームは室内空間に当たる部分が前後の車軸部分より低めに設計さ

1957年型リンカーン・コンチネンタル。大統領専用車としても利用されたことで知られる。

れ、フロア位置を低くすることができた。そのため、低い全高でも乗員のヘッドクリアランスを確保できた。5人乗りのクーぺだけの設定で、エレガントなスタイルとして一定のステータスを保つクルマであった。この時代のアメリカ車の華美なスタイルとは異なり、ヨーロッパ調の格調の高さをアピールした。

　なお、クライスラーでも1955年に独立したブランドとしてインペリアルが新しくつくられ、キャデラックやリンカーン・コンチネンタルと並ぶ最上級車種として位置づけられた。エンジンとボディ部品はクライスラーと共用されたが、インペリアルには8人乗りの超大型リムジンであるクラウン・インペリアルが加えられ、ホイールベースは149.5インチ（3797mm）という大きなものもあった。

　ビッグスリーは、いずれも最高級車種をもったが、従来からキャデラックにはスノッブタイプ（気取り屋）が、リンカーンには勤勉実直なタイプが乗るというイメージがあった。そして、インペリアルには成金タイプが乗るといわれた。

◇ピークに達した装飾的デザイン

　1957年から1958年にかけて、ヘッドライトが2灯から4灯になった。

　このときからヘッドライトがフロントグリルに埋め込まれるタイプが登場したが、これがスタイル上でも大きな変化となった。といっても、ボンネットがフラット化したことや、前後のフェンダートップが直線で結ばれたりしたことなどの変化が見

上から1959年型クラ
イスラーのプリムス、
ダッジ、ニューヨー
カーの各車。1957年
型からさらに装飾的な
印象を強めたスタイル
にしてきた。

られたものの、ボディスタイルの基調はそのままだった。ドア
の面構成も工夫が見られず、モールやフロントグリル、テール
フィンなどのデザインで、新しさを強調していた。その意味で
は1950年代のアメリカ車は非常に保守的であった。

　1959年のキャデラックの登場は、華美な方向に邁進するアメ
リカ車の傾向をよく知る人たちをも驚かすものだった。紛れも

なく、テールフィンを持った
アメリカ車のピークとなった
クルマの登場である。ロケッ
トそのものをテールフィンに
したように、矢羽風をした
フィンが麗々しく付けられ、
デコレーションもこれにきわ

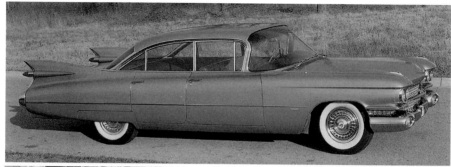

まったという印象だった。このテールフィンの下
のリアフェンダーの最後端部に当たるところには
ジェット機のエンジン排出口を思わせるデザイン
のなかにテールランプが納められていた。

　トップメーカーのGMの最高級車であるキャデ
ラックは、上流階級の限られた人たちの乗るクル
マだった。この時代のアメリカにおける高級を象
徴しているが、それを一口で表現すれば絢爛さ
だった。ミンクのコートを着た女性をエスコート
して、選ばれた人だけの華やかなパーティーのた

1959年型キャデラックは、
全長も大きくなり、テール
フィンもロケットの翼の
ようになり、テールライト
がいっそう目立つように
なった。

めに、一流ホテルに乗り付けるときに最も似合うクルマとして
デザインされたのである。

　ここまでくると、他のクルマとの違いを出すことに神経をす
り減らしすぎたという印象があり、行き着くところまでいった
ことで、これ以上の過多なデコレーションは、逆に控えるよう

1959年型リンカーン・コンチネンタル。同年モデルのキャデラックと比較するとスタイルの違いは明瞭。情緒的な線を使用せず、フェンダートップが一直線ですっきりとした魅力を表現している。

な反動が見られた。

　1948年型キャデラックで始まったテールフィンは、クライスラーによる刺激で、巻き返しを図るGMがさらにその上をいこうとして、キャデラックで過剰反応を示した。他のクルマも競って同じ方向に進み、1950年代の終わりは最も華やかなテールフィンの時代となったのである。

　しかし、逆にそのことが、テールフィンの時代を急速に終わらせる方向に向かった。テールフィンに代表されるデザインが、クルマそのものの進化・合理性とは無縁のところで活発になったからである。

# 8.1960年代のアメリカ車の光と影

## ◇1950年代後半のビッグスリーのシェア争い

　変化は、徐々にではあるが訪れてきた。

　1955年に乗用車の生産は800万台近くに達したものの、その後1960年代になるまで低迷が続いた。生産台数が翌1956年には580万台に、1957年はわずかに回復して610万台となったが、景気後退が顕著になった1958年はふたたび430万台近くと大きく減少した。こうした落ち込みは戦後になってから初めてのもので、強気の需要予測のもとに生産計画を立てる方針を見直さなくてはならなくなった。

　ビッグスリーのなかのシェアにも変動が見られた。

　1960年代のスタイルを先取りしたとして1957年型で他のメーカーのクルマよりテールフィンを目立つようにし、長く、低く、幅広くを実践して販売数を伸ばしたクライスラーは、それまでの13〜17パーセント台から1957年には20パーセント

1960年型ビュイック・ハードトップ。テールフィンはあるものの、クロームで飾るデザインから脱皮し、面の構成を中心としてスタイルの特徴を出す方向に向かっている。

162

を回復、しかし、翌年はわずかなフェイスリフトにとどめるしかなかったためか、新型モデルによる効果は薄れて販売台数は大きく落ち込み、1958年にはまた14パーセントにまで転落した。GMやフォードがスタイルを新しくしたために、苦しい立場に追い込まれたのである。

1954年から1956年まで50パーセント以上のシェアを確保していたGMは、1957年は46パーセントまで落としたが、1958年以降は再び回復した。GMやフォードは、販売の好調な大衆車部門で年間100万台にも達する車種を持っているのに対し、クライスラーのプリムスはフォードやシボレーの半分以下から3分の1しか販売されず、生産コストの面でも苦しくなっていた。このため、クライスラー社では、1960年代に向けて経営再建策としての組織改革の他に、上級車種との部品共用化を大胆に図ることになり、車種による差別化はスタイルや装備で図ることになった。

クライスラーの苦境はGMやフォードにとっても他人事ではなかった。油断すれば、シェアは落ち込むことになるし、従来通りの右肩上がりが当然であるという楽観的な方針では立ちいかなくなるのは明瞭だった。

### ◇車両サイズ大型化の限界

1960年型オールズモビル。前年型とはスタイルがかなり異なっている。

長く、幅広くなってきたことに対する批判も、次第に大きくなってきた。1959年型モデルの多くは、依然として全高は低く

なり、全幅は広くなり、全長は伸びていた。全幅はシボレーでさえ2000mmを超える大きさとなり、全長でも5340mmとなっている。この上のビュイックでは全長は5500mmを超えており、キャデラックでは5700mmが普通で、最高級車のキャデラック75型に至っては6220mmとなっている。

このため、市街地での駐車場の問題が深刻になってきていた。自動車以外の交通手段のない地域が多いアメリカでは買い物も車で行くのが当然であったから、駐車スペースの確保は重

1960年型クライスラー300-F。グリルは変更されたが、テールフィンなどは旧型を踏襲したデザインとなっている。強力な吸気装置付きで400馬力エンジンを搭載。

1960年型フォード・ギャラクシー。

低く長くというスタイルの基調は変わらないが、1960年型からのフォードは明らかにデザインに変化が見られ、装飾過多の方向から転換している。

1960年型マーキュリー。

要な問題だった。

　大きくなった1959年型キャデラックに対して、西部にある駐車場の一部で、駐車お断りという張り紙が出されたことが話題となった。ニューヨークではキャデラックに対して駐車料金を15〜30パーセントアップすることがガレージ間の話し合いで決められた。駐車お断りや駐車料金の値上がり要求は、1959年型キャデラックがますます大きくなったからで、こうした方向が限界にきたことを印象づけるものだった。

### ◇燃費悪化に対する抵抗

　1950年代中盤の好調な販売実績は、新しい機構や装置が導入されることによる高級感を出す方向に進んだ。1950年代の終わり近くになって、乗降性をよくするための回転シートの採用、シートの位置を電動で好みにより変える装置や、サイドウインドウの開閉の自動化、ボタンによるアンテナ操作など、便利な

上は1962年型マーキュリー。下は1964年型フォード・フェアレーン。いずれもすっきりとしたスタイルとなり、洗練されたデザインへの道を進んできている。

装置が次々と採用され
た。エアコンの普及も
進み、コンバーチブル
車の幌の開閉の自動化
も図られた。キャデ
ラックにはスピードを
一定に保って運転操作
を楽にするオートク

上の1960年型プリムスで
は、他のメーカーとは異な
り、さらにテールフィンが巨
大化している。その2年後の
1962年型プリムスは大き
く変化し、ルーフやボンネッ
トがフラットな形状になって
いる。

ルーズシステムが付けられ、サスペンションにはエアスプリン
グを採用して乗り心地の向上が図られている。

　ドライビングを楽にしたり、便利な装置の多くは、エンジン
のパワーを利用するものだから、当然エンジンを強力にする必
要があり、そのために燃費はさらに悪化する方向に進んだ。

　1950年代後半にアメリカ車に採用されて話題となったのが燃
料噴射装置だった。まだ電子制御式ではなかったものの、機械
式によってキャブレターに代わる精密な燃料供給装置として、
高級車に採用されるようになった。しかし、まだ熟成された技
術になっていないこともあって、キャブレター装着エンジンと
の違いが実感できるほどのものでなかった上に、車両価格がこ
の装置のためにかなり跳ね上がったから、話題になった割には

1961年型デソート。1960年に発表されたこのモデルがデソートの最終型となった。

普及は進まなかった。

　エンジン性能をよくするために4バレル気化器や複数の気化器を装着したエンジンが登場した。しかし、燃費がよくないため、あまり普及しなかった。

　また、シボレーやフォードなどにもV8エンジンが搭載されるようになることで、廉価バージョンとして残された直6エンジンは、そのうちに消えてなくなるだろうと見られたが、1950年代後半になっても一定の台数を確保しており、減少傾向に歯止めがかかった。メーカーが誘導したほど高級化が進んでいない面があったといえる。

　1958年に発表された1959年型では、最高出力を向上させたエンジンはほとんどなく、トルクは向上させるものがあっても、圧縮比を落としてレギュラーガソリンを使用できるように

1962年型ポンティアック・カタリナ。ミッチェル主導によるGMのデザインが、1950年代と明らかなスタイルの違いを見せている。

167

したり、オートマティックトランスミッションとの相性の良さを図るなど、使い良さを重視する方向を鮮明にした。これ以上燃費を悪くすることはユーザーに好まれなくなったのである。

　スタイルの変化による吸引力も、クライスラーの例に見るように持続的な効果があるものではなく、目新しい装置の採用も実用的な価値がはっきりとわからないものは敬遠された。ボディが大きくなることも度をすぎた結果、魅力的ではなくなってきたのである。浮かれて豪華に大型化することの限界が見えたことで、各メーカーは戦略の転換を図らざるを得なくなった。

## ◇車両スタイルに対する方向転換の兆し

　偶然であるが、1958年に、GMに長期にわたって君臨したデザイン担当副社長のハーリー・アールが引退して、腹心でともにGMのデザインをリードしてきたウイリアム・ミッチェルがその地位を引き継いだ。1957年型ビュイックが販売的に成功しなかったのは大きく重くなったこととスタイルが原因であったという批判があっても、面と向かってアールに言うものはいなかった。

　1957年のテールフィンを目立たせたクライスラー車が成功したことにより、アールはその上をいくデザインにするよう指示したが、アールが去ってからは、この方向に対する反省がデザインに反映されるようになった。それまでの方向を見失ったデザインの行

上は1962年型リンカーンコンチネンタルで、下は同じく1963年型。洗練されたスタイルを持ち、ＶＩＰを乗せるために観音開きドアを採用している。

168

上は1964年型シボレー・インパラ。下は同じく1964年型ビュイック・リビエラ。ここまでくると、もはやテールフィン時代の面影はほとんど消えている。

き方に対する批判の声が、GM社内でも大きくなってきていたのである。

ミッチェルの主導によりGM車は、装飾過多のデザインから洗練されるものに方向転換が図られた。ヨーロッパでもイタリアのカロッツェリアによる塊としての美しいスタイルのクルマが世に出てきていた。こうした影響は、アメリカ車にも見られなくはなかったが、クロームやテールフィンを強調する時代では、ボディの面の持つ美しさの追求は、なおざりにされがちだった。

フォードやクライスラーも、それぞれの方法で価格の安い経済車に力を入れるようになった。クライスラーでは、中間車種であるダッジに価格の安いダートを誕生させ、直6エンジンを搭載するようになった。また、プリムスの不振を挽回するために長く続いたフレーム付きシャシーからモノコック構造に転換

する計画が立てられた。フォードでも、販売が伸びないエドセルを大衆化して価格を安くする方向を打ち出した。コストを下げてフロントグリルのデザインを変えた1960年型エドセルが登場したが、これは成功せず、エドセルは生産中止に追い込まれたのは前に触れたとおりである。次第に影の薄くなってきていたクライスラーのデソートも、1960年で姿を消している。

1960年代に入ってから、アメリカ車のスタイルは大きく変化した。それは劇的ともいえるもので、基本的なボディはそのままにグリルやテールフィン、さらにはモールなどでデザインしていた時代は急速に過去のものとなった。

ボディそのものでスタイルの良さを追求する時代に入り、直線的でありながらダイナミックなイメージのものにするのがデザイントレンドになった。リンカーンコンチネンタルやシボレーインパラはその代表であり、さらに1964年型ビュイック・リビエラは完全に新しい時代のデザインとなっていた。

### ◇小型車の販売台数の増大

1950年代の後半になってから、小型車の販売の伸びが目立つようになってきたのは、アメリカ車の行き方に対する警告でもあった。

アメリカ車のなかで唯一コンパクトカーを出していたアメリカンモーターズは、1958年には売り上げを大幅に増やし、前年の赤字経営から黒字になり、一息つくことができた。"ニッチ商品"としてのランブラーの成功に刺激されて、もう一つの独立系メーカーのスチュードベーカー・パッカード社もコンパクトカーのラークを発売した。しかし、この作戦は成功しなかった。

1950年代の後半に、大きな伸びを見せたのはヨーロッパからの輸入小型車だった。特に目立つのは1200cc全長4000mmのフォルクスワーゲン・ビートルで、他のヨーロッパのメーカーが

GMのコンパクトカーのシボレー・コルベアの広告。

170

Introducing a wonderful new world of savings
in the new-size 1960 Ford *Falcon*

フォードのコンパクトカー
のファルコンの広告。

なおざりにしていた部品の供給やサービスシステムの充実を図ることによって、毎年大幅に販売台数を増やしていた。フェラーリやメルセデスという価格の高い輸入車も一部あるものの、輸入車の大半はアメリカで2000ドル以下の価格帯のクルマだった。とくにフォルクスワーゲンのユーザーはまだ貧しいが将来を担う若きエリートが乗る傾向がみられた。貧しい人々の中には中古の大型車に乗る層が多かったが、ヨーロッパの小型車（その後は日本車も加わる）に乗ることが"知的"であるというとらえ方がされた。

　1957年は18万台だった輸入車は、1958年には37万台に増えている。アメリカ車の販売が大幅に落ち込んだ1958年にこれだけ増えているのは特筆に値することである。1959年には輸入車は60万台となり、アメリカで登録される乗用車の10パーセントを超えるまでになった。

　車両価格だけでなく、燃料費や修理、タイヤなどの交換部品、保険料などの維持費にしても、大型となったアメリカ車に比較して半分近い費用で済むこともこれら小型輸入車の有利な材料だった。1960年には1台の時代から2台持つ家庭がさらに増え、費用のかからない小型車が求められるようになった。小型車の伸びは、ビッグスリーといえども無視できない勢いになってきていた。

### ◇ビッグスリーのコンパクトカーの登場

　こうした背景のもとに1959年10月に登場したのが、GMのシボレー・コルベアであり、フォード・ファルコンであり、クライスラーのヴァリアントである。従来の新型車と異なり、いずれもエンジンからシャシーまですべて新設計によるモデルで、2300ccから2800ccエンジンで、車両価格は2000ドル内外、全長も4600mm前後の、ビッグスリーとしては戦後では最もコンパクトなクルマである。

　コルベアは空冷の水平対向6気筒エンジンをリアに搭載する

171

コンパクトカーで、アメリカ車の定番であったFR車ではなくRR車として登場した。一回り大きく、車高が低くスタイリッシュであるが、基本的な機構は輸入車第1位のドイツのフォルクスワーゲンと同じである。ただし、エンジン出力が大きく高性能だった。ノーマルエンジンは80馬力だったが、その後ターボチャージャーを装着したエンジンでは150馬力、後に180馬力に達し、軽量コンパクトなボディと相まってスポーツ性の強いものとなった。

　販売台数は予想を下回ったもので、GMではその後、2000ドル以下の低価格車としてテンペストやシェビーIIを出したことにより、コルベアはスポーツ性を強めていく。しかし、そのためにハンドリングの不安定さが問題にされ、1960年代中盤から起こったラルフ・ネーダーの消費者運動の攻撃のターゲットとされて、さらに売れ行きを落とし、1969年には生産が中止された。GMの栄光に陰がさしたクルマとして記憶されているのは周知のとおりである。

　フォードのファルコンはコンベンショナルなFR車で、フォードを小さくしたようなもので直6エンジンを搭載、スタイル的にもそれまでのアメリカ車から脱却した垢抜けたものだった。

上はGM初のコンパクトカーであるシボレー・コルベア。下は同じく1960年型シボレー。大きさの違いが比較できる。

1960年型フォード・ファルコン。ビッグスリーのコンパクトカーのうちではもっとも無難にまとめられていた。

　クライスラーのヴァリアントは、モノコックボディでファルコンと同じFR車であり、車両の大きさの割に室内を広くしていた。技術的に優れたものにしてライバル車よりわずかに高い価格設定にするというクライスラーの伝統にのっとり、エンジンは直6の2800ccとしていた。

　このなかでは、無難な機構を採用したファルコンの売れ行きがトップだったが、シボレーやフォードに及ぶ数字とはほど遠いもので、コンパクトカーの市場は期待したほどではないという印象だった。その後、一台当たりのコスト削減が思うようにいかないコンパクトカーは、売れ行きが伸びないこともあっ

クライスラーの1960年型ヴァリアント。従来のテールフィンのイメージを引きずりながら新しさを追求したものといえる。

173

て、ビッグスリーは、力をあまり入れようとしなかった。利益の上がる従来からの車両を販売の中心にしていくのが基本方針だった。小型車の販売が増えるから、無視するわけにはいかないという程度の関心の示し方だった。

　実際には、売れ行きの良い輸入車はもっと小さくて、車両価格はフォルクスワーゲンでは1500ドル程度であり、燃費もずっと良かった。ビッグスリーのつくったコンパクトカーは、ワーゲンやモーリスなどの輸入車と、従来からあるアメリカ車の中間的な大きさだったから、輸入車からシェアを奪う率が予想より小さく、自分たちビッグスリーのクルマを浸食することが多かったのだ。

　それでも、1960年代はビッグスリーの販売台数は一定の水準を確保した。1964年にスペシャルカーであるマスタングで成功したフォードは、コメットやマヴェリックなどのヒット作を出

1964年にデビューしたフォード・マスタング。新しい時代感覚のスタイルとハイパフォーマンスカーの存在によるイメージアップが成功してフォードのヒット作となった。

174

し、GMとの差を縮めていった。

マスタングは、パーソナルスペシャリティという新しいカテゴリーをつくり、それが受け入れられた。コンパクトカーのファルコンと共通した部品を多く使用しながら、プアーな感じがしないスタイルにしたことが成功のカギだった。販売の中心は排気量の小さい、価格の比較的安いバージョンだったが、ハイパフォーマンスの上級仕様のクルマがイメージアップを図る効果を発揮した。

その後も、ビッグスリーは次々とコンパクトカーの開発に着手した。しかし、先進的なコンセプトが受け入れられるのはカリフォルニアなどの西部や大都市などの限られた地域で、中西部や南部などは、依然として大型車が主流であった。時代が進むとともに、アメリカ社会が多層化・多様化したことにより、従来のような画一化、大量生産を基本とする発想だけでは対処できなくなっていた。

しかし、ビッグスリーの軸足は、依然として利益の大きいビッグサイズのクルマに置かれていたから、1960年代の後半からの日本車の輸入が成功したのである。

それでも、依然としてトップに君臨するGMは巨大であり、1960年代後半から本格化する排気対策に関しても、その厳しい規制に対応できる能力をもっているのはGMだけといわれるほどだった。車両開発から研究体制まで、長年の蓄積があったからである。

小型車の需要は、その後も高まるばかりだった。そのためGMでも、さらに小型車を開発するようになるが、完成度の高い経済車をつくることができなかった。

その間に、技術的遅れを埋めた日本車が市場で受け入れられるようになったのは、1960年代の後半になってからである。その後のことは、この本の主題とは別のことである。

## テールフィン時代のアメリカ車

| | |
|---|---|
| 編　者 | GP企画センター |
| 発行者 | 山田国光 |

| | |
|---|---|
| 発行所 | **株式会社グランプリ**出版 |
| | 〒101-0051　東京都千代田区神田神保町1-32 |
| | 電話 03-3295-0005㈹　FAX 03-3291-4418 |
| | 振替 00160-2-14691 |

| | |
|---|---|
| 印刷・製本 | モリモト印刷株式会社 |